做个有情商有财商有智商的女人（2版）

迟双明 ／ 编著

成都时代出版社
CHENGDU TIMES PRESS

图书在版编目（CIP）数据

做个有情商有财商有智商的女人 / 迟双明编著 .--2 版 .
-- 成都 : 成都时代出版社，2018.11（2021.4重印）
ISBN 978-7-5464-2214-5

Ⅰ.①做… Ⅱ.①迟… Ⅲ.①女性－成功心理－通俗
读物 Ⅳ.①B848.4-49

中国版本图书馆 CIP 数据核字（2018）第 225140 号

做个有情商有财商有智商的女人
ZUOGE YOUQINGSHANG YOUCAISHANG YOUZHISHANG DE NVREN

迟双明　编著

出 品 人	李文凯
责任编辑	樊思岐
责任校对	李 航
装帧设计	范 磊
责任印制	唐莹莹
出版发行	成都时代出版社
电　　话	（028）86618667（编辑部）
	（028）86615250（发行部）
网　　址	www.chengdusd.com
印　　刷	三河市嵩川印刷有限公司
规　　格	710mm×1000mm　1/16
印　　张	14
字　　数	200 千字
版　　次	2018 年 11 月第 1 版
印　　次	2021年4月第3次印刷
印　　数	1-8000
书　　号	ISBN 978-7-5464-2214-5
定　　价	39.80 元

情商：

女人获取幸福的秘密武器

财商：

女人活得自信、漂亮的基石

智商：

女人最持久的香气

如果你能够战胜自己，你就能征服世界。

完美只是一种理想的状态，你可以无限接近，但是永远到达不了终点。

文摘短语

所谓的天才，大多是能够正确认识自己的才能，一步一步坚持把自己的理想变成现实的人。

如果你是对的，就要试着温和地、有技巧地让对方同意你；如果你错了，就要迅速而热诚地承认。这要比为自己争辩有效得多。

　　每个女人都希望自己能够在思想上、生活上、行为上越来越自主，能够不再通过依附他人来获取自己的幸福。这事儿说起来简单，但是做起来并不那么容易，因为想要做到这一点，女性就必须要有足够的情商、财商和智商。

　　情商高的女人都很有魅力，财商高的女人很独立，智商高的女人都很聪明。

　　情商是人们在情绪、情感、意志等方面的自控力，是一种与人相处的能力。情商既有先天的优势，又有后天的培育；既是一种思辨能力，也是一种为人处世的教养。女人如果情商高，那么人们在跟她相处的时候就会觉得如沐春风，时刻能够从她身上感受到被尊重。

　　财商是一个人对金钱的认识和驾驭能力，取决于你对人生的规划。财商主要都是后天培养的。所谓财商不是说你有几分赚钱的能力，更多的是如何看待金钱，如何运用金钱，更深一步是如何将财商运用到生活中去。一个拥有良好财商的姑娘，更懂得投资自己的未来。钱是女人的底气，让你可以坚定地对自己不喜欢的男人说"不"。在一场不幸的婚姻中，没有赚钱能力的女人，大多选择忍耐，使自己在家庭生活中处于被动地位；而拥有赚钱能力的女人，则具有很大的主动权，能够积极终止不幸的婚姻。女人赚钱的意义，是不用为了钱跟谁在一起，也不用为了钱而离开谁。所以，真的不要羞于谈钱，也不要觉得谈钱玷污了你的感情。它是人生中你绕不开的一个门槛。

智商是一个人的悟性、记忆力、理解力和判断力。智商的高度虽然主要取决于基因与遗传，但是通过后天的培养也能有所提升。努力提升自己的智商，提升自己的认知，让自己能够成为伶俐佳人也是女人一辈子要研究的课题。

观察那些成功女性，我们不难发现，她们多是情商、财商、智商的结合体。所以女性想要成为人生赢家，就必须提升自己的情商、财商和智商。本书正是出于这个目的，选取经典案例，为女性提供指导，让女性升级自己的情商、财商和智商，获取幸福人生！

目　录

Contents

上篇　情商
——女人获取幸福的秘密武器

中篇　财商
——女人活得自信、漂亮的基石

目录　CONTENTS

第八章　省钱有道：

精打细算，让"财"尽其用

第九章　花钱攻略：

挣了钱要会花，会花钱的女人不败家

第十章　聚财有方：

运用财商，收获财富

下篇　智商
——女人最持久的香气

第十一章　充实头脑：
你读书的厚度，决定了你的人生高度

第十二章　彰显气质：
你的气质里藏着你的灵魂

目录　CONTENTS

第十三章　获取成就：

在事业的舞台上，展现最美的姿态

第十四章　社交头脑：

别只埋头于自己的生活，提高社交智力才能享有更好人生

上篇
情商

——女人获取幸福的秘密武器

情商是女人不可或缺的生存能力和技巧，是决定女人幸福指数的关键因素之一。当女人手握"情商"这根魔棒，幸福、成功、快乐就会围绕在她身边。

第一章

初识情商:

　揭开情商的面纱,

　了解你的最佳"拍档"

情商决定女人的成功与幸福

现实中，有很多人都认为自己能否取得成就、获取幸福的关键性因素是智商，认为智商越高，能力越强，就越能获得幸福。这个观点其实并不是准确的。因为一个人能否获得成功和幸福，情商有着无可替代的、巨大的影响作用，甚至其作用有时超过智力水平。比如，在现实生活中，常听到有很多外貌、学历、能力等都不错的女人抱怨自己事业不成功、生活不幸福，她们怎么也想不明白，为什么那些相貌不出众、学历不太高、能力不甚强，各方面条件都不如自己的女人却是爱情、事业双丰收，生活甜蜜又幸福。其实，造成这种差别的最关键因素就在于她们"情商"的高低。

那么，到底什么是情商呢？

孟非在《随遇而安》中写道："美国心理学家认为情商水平高的人具有如下的特点，社交能力强，外向而愉快，不易陷入恐惧或伤感，对事业较投入，为人正直，富于同情心，能认识和激励自己和他人的情绪，无论是独处还是与许多人在一起时都能怡然自得。"

情商（Emotional Quotient，简称 EQ），又称情绪智力，主要是指人在情绪、情感、意志及耐受挫折等方面的品质，它是一个人感受、理解、控制、运用自己及他人情绪的一种情感能力，与人的心理素质密切关联。

"情商"一词由美国心理学家约翰·梅耶和彼得·萨洛维于1990年首先提出，但并没有引起全球范围内的关注；直至1995年，由时任美国《纽约时报》的记者丹尼尔·戈尔曼出版了《情感智商》一书，才引起全球性的EQ研究与讨论。

在书中，丹尼尔·戈尔曼明确指出，情商不是天生注定的，而是由可以后天培养、学习的五种能力组成：

1. 了解自我情绪的能力

监视情绪时时刻刻的变化，能够察觉某种情绪的出现，观察和审视自己的内心体验，它是情感智商的核心。

2. 自我管理情绪的能力

善于调控自己的情绪，使之适时适度地表现出来。

3. 自我激励的能力

能够依据活动的某种目标，调动、指挥自己的情绪，让自己朝着一定的目标努力。

4. 识别他人情绪的能力

能够通过细微的社会信号，敏感地感受到他人的需求与欲望。

5. 处理人际关系并使之维系融洽的能力

调控自己与他人的情绪反应的技巧，能够理解并适应他人的情绪。

基于以上这些情绪特征，心理学家认为，情商可以让智商发挥更大的效应，因此，它是影响个人健康、情感、人生成功及人际关系的重要因素，尤其对于女人来说，更是如此。有心理学家研究发现，幸福的女人，其情商水平往往也越高。

一般来说，高情商的女人都具备以下五方面的典型特征：

第一，具有较强的自知、自控力

高情商的女人不但能准确、客观地识别、评价自己和他人的情绪情感，及时察觉自己的情绪变化，并归结情绪产生的原因，同时还能适应性地调节、引导、控制、改善自己和他人的情绪，能够使自己摆脱强烈的焦虑忧郁，积极应对危机，并能增进实现目标的情绪力量。

反之，低情商的女人极易情绪极端化或长时间持续地僵化，且不能掌控情绪调节的有效方式，很容易被情绪所困扰。因此，太情绪化的女人，不但事业很难取得成功，而且还有可能连正常的生活和工作都不能保证，如此又怎能获得成功和幸福呢？

第二，善于自励

高情商的女人善于利用情绪信息，整顿情绪，并调动自己的精力和活力，适应性地确立目标，并为之而积极努力，创造性地实现目标。

自励意味着"主动追求"，高情商的女人会主动完成自己的工作，而不是等着别人来安排或督促。

自励意味着"开放性学习"，高情商的女人具有开放性学习的品质，能够不断地完善和充实自己的知识结构。

自励意味着"负责忠诚"，高情商的女人会忠诚于自己的诺言，并对自己的行为负责，而不是推诿或找借口。

自励意味着"求实坚毅"，高情商的女人在面对困难时，总是能够坚定自己的信念，一点一滴、一丝不苟地做事，而不是抱着"能干就干，干不了就算"的心态。

第三，做事具有很强的自动自发性

作为一个高情商的女人，她们做任何事情的动力都来自于内部，且目标明确、兴趣强烈、独立积极，具有很强的自觉性和主动性；此外，她们一旦决定要做某件事，通常会坚持不懈、全力以赴，直至事情最终完成。

因此，一个懂得自动自发做事、学习、工作、生活的高情商女人，即便她没有很高的智商，也一样可以做出卓越的成绩，拥有让人艳羡的幸福。

第四，拥有积极乐观的心态

人生在世，不如意事，十之八九。在面对生活中的不如意时，高情商的女人依然可以保持积极乐观的心态，她们善于把自己的思路和言谈都引导到鼓舞人心、激励奋发的观念上去，努力把环境中的消极影响压缩到最低限度，并竭力找出其中具有积极意义的方面。她们始终坚信，不如意只是暂时的，而未来是快乐的、光明的。

第五，能够与他人和谐相处

高情商的女人能设身处地地考虑他人的感受和行为，具备换位思考的能力和习惯，理解和认可人与人之间的情感差别，并尊重他人的意见，与他人和谐相处。因此，她们善于人际间的沟通、交流与合作，人际关系融洽，能够在复杂的人际环境中游刃有余。

第一章 初识情商：揭开情商的面纱，了解你的最佳"拍档"

拓展人脉，让情商为你牵线

女人的情商关系着她的社交圈子，情商高的女人往往社交能力强，有着不错的人际网，能够在社交中如鱼得水；而情商低的女人则社交能力一般，因为不懂得社交的技巧与策略，常常得罪人而不自知。

刚进入职场只有三年的李莉，已经是公司的公关部经理了。刚进入公司的时候，她虽然对工作内容还有些懵懂，但是很快就跟公司的同事熟络起来，并交了很多朋友。公司各部门上上下下的工作人员，都跟李莉保持着不错的联系。

李莉有个习惯，在收集员工信息的时候，顺便记录他们的生日。当公司有人过生日的时候，李莉会给大家一个惊喜，送上贴心的小礼物或卡片，令人感动不已。这种温暖的举动，李莉完全是用"心"在经营。后来因为有些高层领导调职，公司马上想到了李莉，因为她的人际关系比较好，形成了很大的团队凝聚力，于是李莉顺利地得以晋升。

你所做的每一件事都在向别人传达着一种信息，情商高的女人懂得抓住机会，经营人际关系。那么她们都是怎么做的呢？

1. 乐于助人首先要做到乐意和别人分享

情商高的女人明白"将欲取之，必先予之"的道理，所以在自己的专业知识能够帮别人时会尽心去帮忙；她们愿意分享资源，包括物质和朋友关系方面的资源；愿意分享爱心，实在帮不上忙，表示出真诚的关心，别人也会铭记在心。

2. 积少成多

高情商的女人在交际时会注重人脉的积累，将所有的人脉一概积存、维护起来。而最简单的办法，就是利用工作途径，把工作中认识的人变成自己的人脉。

3. 多和别人交流

李淼在工作中遇到了一些困难，于是去向办公室里一位"老江湖"求助。"老江湖"拉开抽屉，拿出两叠用牛皮筋扎着的名片，翻了一下，找出一张。电话打过去，东拉西扯，快挂电话时才顺带说了一句李淼的事。没过几天，李淼的难事解决了。

这位"老江湖"平时就特别爱和人聊天，和有业务关系的人聊，和没有业务关系的人也聊，广交朋友。所以一有需要，动用起来毫不困难。

很多人在初入社会时可能还没有体会到人脉的重要性，但真正融入社会后，就会了解人脉的好处。当然，那些人脉广、经常受贵人帮助的

人，也并非天生受人喜欢，而是因为她们有较高的情商，能够为自己创造一个强大的人脉网。一个人生下来认识的只有父母，其他人脉关系都是一个一个"建"起来的。一个人一生都应该好好维护和运用人脉资源。

一个情商高的女人，她的人脉资源也比较丰富。人脉越发达与通畅，生活就越轻松，工作就越顺利，人生就越有趣，成功就会离你越来越近。

情商高的女人更容易成功

关于成功这件事，情商低的女人总是会把自己的失败归因于运气太差，而在谈到他人的成功时，总会愤愤不平地说："他纯粹是运气好！"她们习惯性地将成功看成是降临在"幸运儿"身上的偶然事件。这些情商低的女人确信别人的成功是因为运气好，而自己又总是运气不佳，怨天尤人，于是就年复一年重演着失败者的角色，却想不到自己正是造成自我毁灭悲剧的原因。

情商高的女人则不是如此，她们始终保持着自信。在自己遭遇挫折时，她们都以积极的心态去接受，坚信自己最终会走出低谷，迎来幸福；情商高的女人总能克服负面情绪的影响，始终保持乐观，对生活抱有希望，无论遭遇什么，她们都会用耐心、勇气和智慧去克服，直到获取成功。

贾玲可以算是娱乐圈里情商高的代表了。在美女如云的娱乐圈，贾玲虽然相貌平平，但是凭借高情商，迅速突围，成为娱乐圈里的一股清流，博得了众人的喜欢。

1982 年出生于湖北襄阳一个小山村的贾玲，父母都是普通工人，家境并不算优越。9 岁生日，父亲送给她一盒侯宝林和刘宝瑞的相声磁带。从此，贾玲喜欢上了相声，并能够将相声惟妙惟肖地复述出来。后来，她成功考入了中央戏剧学院。

为了支付到北京学习艺术的高昂费用，姐姐主动放弃了学习的机会，供贾玲读书。贾玲大学毕业后，参加了全国相声小品邀请赛，一举夺得了专业组的冠军，但是这样的成绩并没有让她一炮而红，没有人来找她演出。她在北京东四十条的胡同里租了一间平房，每个月房租380块钱，房子窄到转个身都十分困难。为了生存，贾玲到处接活儿，无论是表演、话剧、还是写本子，她什么活儿都干，甚至还在酒吧里打过工。不管生活多么艰难，贾玲从来没有抱怨过，她总是笑得十分灿烂。就这样过了九年，贾玲依然毫无起色，不过贾玲坚信自己一定有出头之日。

终于，机会来了。她凭借《大话捧逗》和搭档白凯南成功登上了2010年央视春晚的舞台，开始小有名气。不过相声这行，很少有女生去做，最难的地方不是不顾形象扮丑，而是坚持这么丑下去。中央戏剧学院从2001年至今只招收过两届相声表演班，当初贾玲所在的班上有10个女同学，如今除贾玲外，全都转行了。为了适应角色，她不惜增肥、扮丑，只为了把快乐带给越来越多的人。贾玲也因为在《百变大咖秀》上的卖力表现，为她赢得了大批的观众。

如今，贾玲在娱乐圈和相声界都是相当吃得开，这不仅与她之前的努力有关，更与她在为人处世方面的高情商有关。有一次，贾玲在一档节目中惨遭淘汰，正当在场嘉宾不知如何安慰她时，她佯装生气地说道："我不是内定的第一名吗？怎么回事啊！"不仅解除了自己的尴尬处境，也让嘉宾们开颜大笑；还有一次，在一次金鹰节采访中，原采访对象因故不能到场，主持人只能找来贾玲救场。面对突然出现的贾玲，记者一时不知该说些什么。贾玲见此，便机灵地说道："都没有问题啊？我已经不火成这样了吗？就没点绯闻要问问吗？"现场气氛顿时活跃起来……

　　像这般类似的例子还有很多。俗语说，花旦易得女丑难寻。贾玲就属于"女丑类"的谐星。当然，女丑并非丑女。相反，像贾玲这样高情商的女丑，倘若娱乐圈多上几个，对观众来说也是一件好事。

　　情商高的女人之所以更容易成功，是因为她们像贾玲一样认准目标便全力前行；情商高的女人之所以更容易成功，是因为她们对工作满怀热情；情商高的女人之所以更容易成功，是因为她们懂得用积极的心态面对生活不如意的种种；情商高的女人之所以更容易成功，是因为她们懂得用乐观感染周围的人，让她备受欢迎……

　　所以，女人，你可以不是非常聪明的，但一定要注重提升自己的情商。只有情商高，才能够让你走对前方的路，迈过前方的坎，跨过人生的苦境，迎来灿烂的未来。

第一章　初识情商：揭开情商的面纱，了解你的最佳"拍档"

从现在开始修炼情商

　　一个女人的幸福程度与其情商的高低成正比，即情商越高的女人越幸福。虽然一个人的智力水平可能是天生注定的，而一个人的情商水平却是可以通过后天的学习、培养、修炼而不断得到提升的。因此，如何提高自己的情商，便成了每个女人人生路上的必修课程。

　　首先，提高情商修炼必须要有不断提高和改善自己的强烈愿望和意识，且能够持之以恒地加以努力、学习、修正，就能够经受住在社会具体环境中的任何磨炼，逐渐建立起自信、乐观的生活态度，并不断进步和成长。

　　其次，提高情商修炼必须要及时解除如自卑等影响个人情商发展、提高的心理枷锁。一旦发现自己被这些心理枷锁所牵绊、所套牢，应及时、积极地寻找解锁的方法，比如，向自己信赖的长辈、朋友倾诉，听取他们的意见或建议等。

　　最后，提高情商修炼还应有宽以待人、严以律己的品格：前者意味着要有博爱的情怀，能包容他人的缺点，尊重他人的个性；后者则意味着要有极强的自律意识，能凡事做他人榜样，从严要求自己。

　　女人的一生在社会中担当着多重的身份和角色，比如作为女儿、妻子、母亲、儿媳、朋友、下属、上司等，这就意味着女人必须妥善处理好自己每一重的身份和角色，才能够更好地应对各种复杂的社会关系，能够让事业更加顺遂、生活更加幸福、人生更加美满。

所以，女人要提高自己的情商，首先应从以下几个方面做起：

1. 与父母的关系

不仅仅是对女人来说，其实对任何人来说，与父母的关系都是最重要的。但一些低情商的女人往往意识不到这一点，她们固执、偏激，不懂得如何与父母和谐相处。尽管她们也心存对父母的感恩之情，却不善于表达，以至于常常在无意中伤了父母的心。所以，作为女人，要想提高自己的情商，就要先从处理好自己与父母的关系入手。

中国有句老话说"百善孝为先"。孝就是要让父母高兴、快乐，这体现在日常生活中点点滴滴的细节中，比如，年迈的父母可能由于自己的学识所限，或者在过去生活中养成的一些陋习等，有些行为让你看不惯，但你一定不能因此而去责怪、呵斥他们，甚至和父母发生正面冲突。这时你要做的就是给予父母最大的爱心和耐心，适时、委婉地加以劝阻和引导。

2. 与老公的关系

夫妻之间的关系处理是一门大学问，需要女人倾其一生的精力去研修。在如何与老公相处的问题上没有一定之规，需要女人自己去把握，因此，一个女人情商的高低直接决定了她婚姻幸福的程度。所以，处理好与老公之间的关系，是培养高情商的一个重要方面。

既为人妻，女人就要懂得夫妻关系中最重要的原则是互相尊重：夫妻双方都应有独立的人格、独立的经济来源。结婚了，并不意味着老公就是自己的私有财产，所以，在婚姻中不要过多去要求对方如何如何，而应该凡事多商量。

其次要进退有度：该坚持的时候要显得强势一些，不轻易屈从于对方；该忍让的时候克制一下，哪怕为此会受一些委屈。但现实中，为数众多的女性往往在"坚持"和"强势"方面表现有余，而在"忍让"和"克制"方面表现不足——这也正是夫妻关系这个"大局"容易遭到破坏的重要原因。

婚姻好比是放风筝，只要线轴在自己手中，就不怕风筝飞得高、飞得远，所以，无论老公是怎样的英俊潇洒或是飞黄腾达，只要你充分运用自己的高情商牵住他的心，就无须担心有什么人可以取代自己的位置。

3. 与朋友的关系

爱因斯坦说："世间最美的东西，莫过于有几个正直且严正的朋友。"真正的朋友把友谊之情化为知心的倾诉、温暖的安慰、愉悦的同享、希望的共勉、疑虑的消解和劝告的真诚。所以，一个女人可以单身，但是绝对不可以没有几个好朋友，就像《烟雨蒙蒙》中的依萍和方瑜，就像《流金岁月》中的蒋南孙和朱锁锁，无论岁月怎样更迭，无论人事如何变迁，两个女孩子之间的情谊都从未更改。这种朋友，才是真正的朋友。

不过，要想获得这种良好的真正的朋友关系，就要求你首先必须付出自己的真诚和真心，并注意自己平常对待朋友的言行态度等。比如，当朋友在工作或生活中遭遇困难的时候，主动上前问一声："有什么我可以帮到你的？"然后，力所能及地给出自己的帮助，有时一句真诚的问候，也可能会让对方感动和感激。

总之，一个高情商的女人，总能很自然地就处理好与朋友之间的关系，并很容易就获得真正的朋友、赢得她们的尊重和信任。

4. 与同事的关系

在职场中，高情商的女人往往比那些高智商的女人更容易获得上司的青睐，也更容易获得职位的晋升和事业的成功。

相信大家都看过《宰相刘罗锅》这部电视剧吧？如果要问刘罗锅与和珅谁的情商更高，估计大多数人都认为是和珅。因为和珅处世圆滑，最会逢迎拍马，情商自然是比那个呆呆笨笨的刘罗锅高了。其实不然，和珅虽然家财万贯，可每天的日子过得战战兢兢；虽然善于巴结，却只巴结了其顶头上司乾隆，而忽视了其他同事的存在，所以，等乾隆一倒，嘉庆上台，他立马就成了刀下鬼，又被抄家产，又被诛九族，遗臭万年。而刘罗锅为官清廉，虽然不时会碰到些小灾小难，但每到紧要关头总会有贵人相助，并赢得了一世美名。很显然，从长远来看，刘罗锅的情商还是要比和珅高多了。

在职场上，想培养出高情商，就不要去学和珅对上级刻意讨好、献媚。而是要学刘罗锅，让上级对你放心，欣赏你的工作能力。当上级把许多事情交给你做的时候，你要知道，这是上级信任你，千万不能偷懒、耍滑，事情做得越多，上级越信任你，你受到提拔的机会就越大。当然，对自己的同级或下级，也不要在背后抱怨、说人坏话，要知道，这样的事只有低情商的傻瓜才会去做。

只要你修得高情商，幸福就唾手可得，既然高情商是女人追求幸福路上的必修课程，既然高情商可以通过各方面的学习、培养、修炼而不断得到提升，既然你也想要做个高情商的幸福女人，那么，就让自己立即行动，从妥善处理以上几方面的关系做起，开始你伟大的、获取幸福的情商修炼吧！

第二章

自省情商：

认识自己，

幸福才能不期而至

提升情商，从认识最真实的自己开始

　　一个女人将成为怎样的人，虽然与其成长环境有着千丝万缕的联系，但是，环境未必是决定因素。你之所以成为今天优秀的你，大多是你对自己不断地反思，不断地在灵魂深处进行自我扬弃的结果。一个人要想提高情商，就要从认识自我开始，要静下心来思考自己的长处和短处、优点和缺点。一个人只有认识自己，才能不断地修正自己、提高自己、超越自己。对此，你应该有明确的认知，准确地了解自己。当然，一个人的自我反省和修正也是需要勇气的。

　　认识自我，是每个人自信的基础与依据。只要你的潜能和独特个性依然存在，即使身处逆境，你也可以对自己说：我能！能够认识自我的人，自信而不轻狂，积极而不冒进；缺乏自我认识的人，容易走向两个极端，要么盲目自信、刚愎自用，要么缺乏自信、止步不前。因此，一个女人在自己的生活中、在所处的社会境遇中能否真正认识自我，能否选择积极的自我意识，将在很大程度上影响或决定着自己的成长和发展。

　　女人如何认识自己呢？这可以通过两种途径来实现。

　　一种是通过认识别人来认识自己。一个人究竟有何种性格、何种能力，可以通过与他人的交往、与他人的共同协作表现出来。所以通过认识别人来认识自己，是认识自我的重要途径。另一种是通过自我观察来认识自己。自我观察也有不同的途径：一是通过智力实践活动。人根据自己在记忆、理解、观察、想象、推理等智力活动中的稳定表现，来认识自己在智力方面的能力。通过这些智力活动，相信自己有着理解、观察、想象、推理等能力。

二是通过自己反复的情感体验，来体察自己有何种情感特征、有何种意志特征等。内省智力是人类独有的，而且也是人类智力的高级形态。一个人认识自己是最难的，人的很多迷惑和苦难都是由于不了解自己造成的。人类发明了镜子，但镜子只照出人的外貌，而看不见人的内心，要看见更真实的自己，我们就要利用一面能照出内在自我的魔镜——内省。

内省是自我动机与行为的审视与反思，用以清理和克服自身缺陷，以达到心理上的健康完善，它是心灵自我净化的一种手段。从心理上看，内省所寻求的是健康积极的情感、坚强的意志和成熟的个性；它要求消除自卑、自满、自私、自弃和愤怒等消极情绪，增强自尊、自信、自主和自强，培养良好的心理品质。内省者审视自我，使心理健康完善，克服病态畸形。内省也是成为强者的特征之一。

一个女人要想完善和超越自我，就需要不断地对自身的行为进行内省。要超越现实生活中的自我，就必须勇于面对自我，对自己的所作所为有个全面的认识。在人生道路上，幸福和成功的女人无不经历过几番磨炼。磨炼的过程，也就是自我意识提高、自我觉醒和自我完善的过程。在每个人的精神世界里，都存在着矛盾的两面：善与恶，好与坏，创造性和破坏欲。一个女人将成为怎样的女人，固然与环境有关。但是，环境不能造就你，造就你的只有你自己。所以，内省所起的作用是不能低估的。

真正认识和剖析自我是需要极大的勇气的。哲学家亚里士多德认为，对自己的了解不仅仅是最困难的事情，而且也是最残酷的事情。心平气和地对他人、对外界事物进行客观的分析评判，这不难做到。但当这把"手术刀"伸向自己的时候，就未必依然能够心平气静、不偏不倚了。在触及自己的某些弱点、某些卑微意识时，人们往往会觉得非常难堪、痛苦。但是，无论是痛苦还是难堪，你都必须去正视它，因为自我省察是成长的根本前提。

当然，内省不仅仅是勇于正视自己的缺点，它还包括对自己的优点和潜能的重新发现。每个人都有巨大的潜能，每个人都有自己独特的个性和长处，每个人都可以通过内省发挥自己的优点，通过不懈的努力去争取成功。一个成熟的女人，能够在充分认识周围环境的同时，不断改正自我，从而走向成功的巅峰。正如一位名人所说：如果你能够战胜自己，你就能征服世界。

内省是现实的，是积极有为的心理过程，是人格上的自我认知、调节和完善。内省同自满、自傲、自负相对立，也根本不同于自悔、自卑这些消极病态的心理，它有助于女人人格的完善和良好心理品质的培养。

正视自己的弱点，才有改正的可能

　　每个人都希望自己是完美的，女人更是如此。但是完美只是一种理想的状态，你可以无限接近，但是永远到达不了终点。情商低的女人否认和逃避自己的弱点，以为这样能保护自己的尊严，其实这样不过是自欺欺人。情商高的女人却能正视自己的弱点，并努力去改正。

　　如果你欺骗自己，不愿正视缺点，就不能改变自己。每个人都想对自己有所了解，但谁也不愿意承认自己有很多的缺点。以下是女性都或多或少会存在的一些缺点，我们不妨对照一下，看看自己是否也是这样：

1. 嫉妒心强

　　人人都有嫉妒心，过于嫉妒的女人令人烦恼，更令人烦恼的是她们很少反省自己。她们被别人的幸福和成功冲昏了头脑，把心放在关注别人的生活上。心地善良但是嫉妒心强的女人，自己常常能够感觉到心态的不平衡。如若不加控制，嫉妒也会使善良的女人变成"巫婆"。嫉妒很可怕，嫉妒心强的女人主要是爱攀比，拿自己的短处和别人的长处比，喜欢在对比中找到自己的不足，为难自己。其实这样的攀比没有任何意义，也永远都比不完，倒不如把精力放在如何超越自己，如何达到

自己人生的"沸点"上。

2. 喜怒无常

喜怒无常的人是很难相处的，她们容易触景生情，大发感慨。喜怒无常的人在性格上是存在缺陷的，她们不能控制自己的情绪，是人性上的致命伤。喜怒无常的人做事、做人都不容易成功，因为她们的对手是自己，连自己的情绪都控制不了，自然很难成就一番事业。所以情商高的女人应尽量不让坏情绪蔓延，保持一种良好的心态，把注意力集中到解决一件事情上是很重要的。

3. 自负自卑

自卑的人往往有着自负的一面，自负的人往往也会自卑，这两种完全相反的性格特征经常在一个女人身上同时出现。过于自负，碰到挫折就变成了自卑。自负的女人自我感觉良好，喜欢以自己为中心，对他人的感受视而不见，听不进别人的不同意见，对什么事情都从自己的角度出发。她们完全不知道什么是大局，认准一件事情就整日想入非非，期盼预期结果的出现。抱定的希望一旦破灭，她们的情绪就会因此一落千丈。过于自负、自卑的人通常有心理阴影，因为自负，她们总认为自己是最好的，但是在现实中经常碰壁，便转化成了自卑，她们很少主动去忘记。对于那些打击稍微大点的事情，她们会始终记忆犹新。因为对成败过于看重，她们在自负和自卑的两极来回颠簸，缺少一颗平常心。如果能拓展自己的视野，自负又自卑的女性还是很有实力的。因为她们对自己的要求非常严格，所以也更容易抓住机会。

4. 盲目执著

执著是一种很好的精神品质，但是盲目的执著只能让你离目标更远。人与人之间的感情，讲究在合适的时间遇到合适的人。如果时间不对，人也不对，依然故我地走下去，反而会酿成悲剧。职场上也是如此，比如不适合做销售的人，一般性格都比较内向，或者有惰性，不愿意与人有过多的交往。只因为当初选择了，就硬着头皮做下去，这样反而把时间都浪费了，却没有好的收获。盲目执著不可取，我们无论在情感、生活还是工作中，都要学会审时度势。

5. 外强中干

在生活中有这样一些人，他们看起来踌躇满志，解决问题时却常常一头雾水。作为女性，如果你是这样的人或者正在经历这个阶段，这并不可怕，可怕的是你停留在这个层面上，成熟的外表下却没有强大的实力与之匹配，要让自己不断地通过锻炼来完善自我。

6. 虚荣心强

很多女人为了美，为了得到别人的赞赏，可以不顾一切地做许多事情。这种虚荣的心理，会促使女人流连于服饰店、珠宝店，或去整容修身。虚荣心强的女人从来不知道什么是满足，她们厌恶贫穷，对奢靡豪华的生活无比向往，这就会导致一些女性比较现实，也给了很多居心不良的男人可乘之机。人都有虚荣心，但是要克制那些过度的欲望，什么事情都要有个度，超过了就会出现不好的后果。

7. 矫揉造作

为了能取悦于人，有些女人变得矫揉造作。而矫揉造作的结果，则往往适得其反，时间长了，别人会产生反感。我们可以打开心扉，用热情来对待他人，而不是用一种伪善的态度来换取别人的真诚。

8. 好高骛远

目光短浅的人常常好高骛远。生活中没有什么事情是不需要一步一个脚印扎扎实实努力的，想一步登天、急于求成，都是急功近利的表现。好高骛远的女人，往往会适得其反，落得个失败的下场。抓住现在，明天才会更美好。

9. 刻薄自私

在日常生活中，有些女人说话非常尖酸刻薄，总要挖苦别人，看到别人难过的表情才感到开心。这种尖酸刻薄的人多少存在些心理上的问题，她们的眼睛看不到世界的美好，看不到自己的希望，只有在发泄中获得满足。大多刻薄的人也很自私，对于她们来说，只要忠诚于自己就可以了。她们之中有些人经历过大的挫折和磨难，对人与人之间的关系缺乏信心，也有些人只是刀子嘴豆腐心。当我们遇到不开心的事时要多想好的一面，与人交往的时候也应多看人好的一面，一点一点地获得对生活的信心。

10. 自作聪明

人人都是有点小"心思"的，可是有些自作聪明的女性总爱耍些小聪明，想通过一些自己认为比较好的办法，达到事半功倍的效果。其实这些行为都属于投机行为，或许一次两次能成功，但绝不会屡试不爽。小聪明可以偶尔用在润滑人际关系上，但在面对生活中的要紧事时，还是应踏实谨慎地去处理。

弱点人人都有，女人也是如此，其实这没有什么大不了的。有了弱点并不可怕，可怕的是否认和逃避自己的弱点，甚至把弱点当作资本来炫耀。

不要怀疑自己的价值，你就是
世间的独一无二

  每个人从呱呱落地开始，就被赋予了不同的角色，就决定了自己的独特性。上天注定我们是天下无双，谁都无可替代的。在人生的画卷中，正因为每个人的涂抹和落款不尽相同，所以，呈现出的画面才多姿多彩，韵味无穷。高情商的女人，总会对自身的独特价值深信不疑——她们懂得，每个人的出生都肩负着各自的使命，并都有着其擅长的领域和可施展其才的平台，是其他任何人、任何事都无可替代的。假若每个人都能够将自己独一无二的价值发挥到极致，那么，不仅可以使自己获得荣耀的成就和心理的满足，还能让世界向着更加美好的方向不断前进和发展。

  然而，现实生活中，并不是每个人都能正确认识到自己独一无二的价值，于是就出现了物不尽其用、人未尽其才的怪现象：一方面是人才短缺，雇主找不到合适的人才；另一方面是很多人都觉得自己是个人才，却找不到能够施展才华抱负的舞台。

  从前，有位财主家的老长工需要每天到两里外的地方挑水，他所用的两只水桶，一只完好无损，但另一只有个小洞，因此，即便每次老长工把两只水桶都盛满水，回到家时也只能得到一桶半的水。

  为此，那个有着小洞的桶一直闷闷不乐，于是便对老长工说："我感到非常过意不去，每天你打的水总是因为我而弄洒了许多，结果使你总遭财主责骂。我是这样无用，你为什么不干脆丢弃我，还要用我呢？"

老长工笑了，说："你没发现吗？正是因为你漏水，我才在挑水经过的路旁撒了些花种，也正是因为由你身上的漏洞中所洒出的水，浇灌并滋润了它们，才使得我挑水行走的一路上都开满了漂亮的鲜花。虽然挑水的路程很远，我也很累，但我只要看到路边漂亮的鲜花，就会满心高兴，一高兴便也不觉得路程远、挑水累了。"

后来，那个有洞的水桶果然注意到自己脚下的路途上开着漂亮的鲜花，于是，它也开心快乐起来，觉得自己虽然有缺陷，但这缺陷实现了自己另一种人生的价值和意义，成就了自己另一种人生的精彩和幸福。

女人，你是否也常常像那只漏水的桶一样，对自己的价值产生怀疑呢？其实这大可不必。常言道，"天生我才必有用"，每个人都有其独一无二的价值，每个人独一无二的价值也都会有其用武之地。所以，你无须太在意别人对自己价值的评价，也无须因为自己的小缺陷而全盘否定自己的价值和意义。只有这样，你才能认识到并创造出只有自己能创造的精彩！

人最可贵之处在于能发现自己的价值与优势，而判断一个人能否获得成功并最终实现自己所要的幸福，则是在于其能否最大程度地发挥自己的优势、最迅速地实现自己的人生价值和意义。

人的命运就像麦粒，可能被装入麻袋放在仓库里，等着喂食家畜；也可能会被磨成面粉，做成可口的面包；还可能被播种在土地里自由生长，直至收获生命的金黄。但人与麦粒唯一的不同之处就在于：人有选择的自由，也有行动的自由。

所以，高情商的女人不会让自己的生命失去色彩，也不会让生命的色彩在失败和绝望中被人磨碎、任人支配——认清自己独一无二的价值，并不断开发提升它，高情商女人的人生会注定不平庸。

坚持那些你认为对的事情

有人说世上只有一种天才，那就是坚定自我，毫不动摇地将自己想要做的事情坚持下去的人。实际上，所谓的天才，大多是能够正确认识自己的才能，一步一步坚持把自己的理想变成现实的人。人生这条路，因人而异，风景各不相同，我们会走一些前人从未踏足过的地方，去做一些前人从没有做过的事情。前方的路究竟有多远，只有自己的脚知道。脚不会背叛自己，前方的路就不会欺骗自己。在路上，你唯一的选择便是——一路前行。

虽然乔布斯已经逝世多年，但是他在人们心中依然是一个不可磨灭的传奇。从某种程度上而言，正是乔布斯成就了苹果公司，也代表了苹果公司。很多人都认为苹果公司之所以会显得很狂妄，正是受到了乔布斯具有的独特气质所影响。

苹果公司的很多员工都觉得乔布斯就是一个天才，他所认定的事情绝对不容轻易变更，只要是他认为合理的东西，很少有人能够改变他。

实际上，苹果手机从研发开始一直坚持着触屏技术与 HOME 键的设计，与乔布斯一直坚持自己的理念有着很大的关系。当苹果公司开始着手设计手机的时候，乔布斯就认为物理键盘是已经过时的产品，苹果手机如果想要脱颖而出，就必须要打破常规，突破束缚，不走寻常路，

29

采用新的电子技术。

当乔布斯提出自己的概念之后，当时有很多人并不认可他的看法，觉得物理键盘的存在已经根深蒂固，如果贸然取消将无法迎合大众的消费习惯，让大众无法接受。不过，乔布斯并没有因为这些反对声而做出让步，于是才有了苹果手机的出现。苹果手机一亮相，就马上吸引了全世界的目光，人们都为这一大胆革新而欢喜不已，结果直接改变了消费者的消费习惯。

我们不一定非要成为乔布斯那样的人，也无需太过固执，但是我们不能因为一点点风吹草动就动摇自己的心。我们要能够做到坚持己见，努力去走自己的路，努力去照着自己所想而行动。很多人在做一件事的时候，往往最初有着自己的想法，但是在实施的过程中，只要碰到外界的干扰，就沉不住气了，开始动摇做出妥协和让步，放弃自己的坚持，最终可能一事无成。

实际上，当我们做出某个选择或者决定的时候，不管这个决定多么完美，都会有人站出来反对，就像比尔·盖茨说的："这个世界上会有30%的人永远不会相信你。"这也就是说，我们一定会遭到一些外界因素的干扰，这时候，你要怎么做呢？是去迎合对方，还是坚持自己的观点。实际上，想要完全不受干扰几乎是不可能的，而能够真正坚持下来的人也很少。

每个不懂得自省的人，都有过这样的经历——当看到别人成功的时候，突然想到自己也有过与成功者类似的想法，但是要么只停留在了想的阶段，要么没干多久就中途动摇了，结果只能与成功失之交臂。所以每个人一旦有了自己的想法，并且认为是非常正确的，就应该坚持下来，不要轻言放弃，坦然地去面对周围的批评与反对。只有坚持了自我，才能展现自我，走出自我。

第三章

情绪管理：

　　控制情绪，

　　做自己的情绪女王

做自己的心灵医生，疏导内心不良情绪

　　每个人都会受到情绪的影响。情绪就像是一把锁，能够开启这把锁的钥匙绝非一把。如同天气一样，情绪既不稳定，也不呆滞，不可能每天都艳阳高照，也不可能每天都阴雨霏霏。情绪能够让我们去感受生活的酸甜苦辣，让我们原本平静的心理水面泛起涟漪。不过我们也不能任由情绪摆布，有时要学会自我调节。

　　高情商的女人就懂得调节自己的情绪，当她们感到沮丧、生气或紧张时，就会适时调节自己，避免让自己进入消极状态。

　　张女士到商店买衣服，发生了一件很不愉快的事情。买完衣服后，离开商店不久她便发现找回的钱中有一张 50 元的假币。张女士一时气急就怒气冲冲地跑回商店，将钱扔在柜台，结果引起了一场争执，钱也没有换成。回到家后，张女士还是很生气。不过后来又一想，虽然钱是假的，但自己当时为什么没有仔细检查呢？这就是自己的不对了。既然是自己不对，那何必还自己生自己的气呢？如果自己当时能平静下来，和气地解释，可能事情会完全不一样，事情的结果或许会好一点。现在这样不是既让大家生气又达不到自己的目的吗？这样鲁莽冲动地生气真是不值得。经过一番对自己的开解，张女士的心情竟然没那么糟了。

原来换个方向想问题，事情对自己的影响就会截然不同。事情都有很多面，就看你有没有发现，换个角度想想，结果往往就不是原来的样子了。当我们习惯于按自己以往的价值取向和思维方式思考时，就会不可避免地陷入阻止我们前进的偏见中。所以明智的人不会去抱怨生活怎样对待自己，而是会思考，自己这种对待生活的方式究竟对不对。就像悲观失望者会把挫折看成绊脚石，而乐观上进的人却会把挫折当成垫脚石一样，思考方式的不同会导致最终结果的不同。

当你感到坏情绪在折磨自己的时候，为什么不换个角度来思考一下呢？也许挫折是在考验我们的心智，让我们逐渐学会控制情绪、控制自我。我们会经常看到交通拥挤的十字路口红绿灯失控时的"惨状"，整个路面成了车的海洋，不耐烦的司机在里面鸣笛、叫喊，喇叭声充斥于耳，整个交通处于瘫痪状态。这个时候就体现出交警的重要性了，该停的停，该转的转。如果没有交警的管理疏导，不知道拥堵状况会拖延到什么时候，造成什么后果。人的情绪有时就如杂乱的交通一样让人头疼，这时你就要做自己的心灵医生，给这些情绪做一个疏导，实现合理的情绪转向。下次你感到难过时，不要抗拒它，试着放轻松。看看除了恐慌，你是否能够保持优雅与镇定。不要对抗自己的负面情绪，只要你很优雅，它就会像落日一样消失在夜幕中。

情绪的转向归根结底取决于产生情绪的行为、态度的转变，只有这些先转变了，作为它们产物的情绪才会转变。所以，要记住：有话好好说。遗憾的是，情商较低的人常常过多地把他们的注意力、精力放在那些使他们痛苦不堪的思想上，以致情绪总是郁郁不振。反之，情商高的人虽然也会犯错误，但他们的高明之处就在于不拘泥于已有的事实，而把目光投向如何解决、如何改善现状这些有建设性的目标上，所以他们的情绪相对而言都比较稳定、积极。

有些人的自卑也源于自我情绪的固定和僵化，其实完全可以通过情绪的转化来克服。当你自暴自弃、情绪恶劣的时候，你要避免使用一些自咒的语言，诸如"一个傻瓜""一个废物""一个笨蛋"等。一旦你找出了这些有害的咒语，你会发现它们既粗俗不堪又毫无意义。它们只能掩盖问题，导致迷茫和失望。只有抛弃它们，你才能找到并解决真实存在的问题。冷酷的自咒思想产生了消极的情绪和行为，所以要改善你的心情，首先得停止你的自责思想，然后让自己完全相信那些自责是错误的和不现实的，接着再把信心移入自己的脑海。怎样才能做到这一点呢？

你首先必须认识到：人生是一个漫长的过程。这个过程中，人的肉体不断地发生变化，所以你的生活是一次成长的经历，是一股持续中的细流。人生是"不尽言"的，也是"不尽如人意"的，所以给人生以任何固定的标签和结论就是终结了人生，是极其不恰当和不全面的。但是你可能仍然相信自己是个弱者，你或许会说："因为我感到无能为力，所以我肯定是无能为力的。否则的话，我怎么会老是充满了痛苦的情绪呢？"你的错误在于情绪推理，你的情绪并不能决定你的价值。你的情绪只表示你感到舒服与否，仅此而已。懦弱、悲惨的内心情绪并不能证明你是一个懦弱无能的人，它只证明了你自认为是一个懦弱无能的人。由于你郁郁寡欢，你对自己的看法很可能无法做到客观和公正。轻松愉快的情绪究竟是证明了某人的伟大和非凡，还是只意味着有一个良好的心情？其实人的感觉既决定不了人的价值，也决定不了人的思想和行为。有些人是积极主动、充满活力的，还有些人则是懦弱的。不过只要本人愿做努力，其不足之处是可以得到补偿的。

当你被厌烦、自责等灰色情绪包围时，请记住 3 个关键的步骤，它会帮助你扫清情绪天空的阴云，重新恢复明朗与灿烂。

1. 找出那些消极的思想，不要让它们老是盘旋在你的脑海里，要把它们写在纸上。

2. 客观地看待事实，分析你每一个消极思想的谬误，准确地了解并揭穿其对事实的歪曲，把正确的客观的思想写在纸上提醒自己。

3. 以合理的思想取代自暴自弃的思想，只要你这样做，你的情绪就会开始好转。一旦树立了自信心，你的无价值感、你的忧郁都会消失，你的情商也会提高一大步。

哲学家普罗斯特说过："真正的发现之旅，并不一定在于寻求新的景观，还在于拥有新的眼光。"只要你具有新的眼光，世界就会变得不一样，这样情绪的转向就并非难事了。

别让那些小事织成的网，挡住你的阳光

在现实生活中，给人们带来烦恼的通常不是什么大事，而常常是一些不起眼的小事。人们不会被大石头绊倒，却会因小石子摔倒；人们登不上山顶，不是因为体力不支，常常是因为鞋子里的一粒沙子。人生短暂，生命苦短，何必为一些小事而忧愁和浪费时间呢？女人本来就是多愁善感的，再加上家庭等琐事缠身，更容易发怒发狂。这样就会徒耗时间和精力，实际上事后想想，这太不值得了。

作家荷马·克罗伊曾说，过去他在写作的时候，常常被纽约公寓热水灯的响声吵得快要发疯了。"后来，有一次我和几个朋友出去露营，当我听到木柴烧得很旺时的响声，我突然想到，这些声音和热水灯的响声一样，为什么我会喜欢这个声音而讨厌那个声音呢？回来后我告诫自己，火堆里木头的爆裂声很好听，热水灯的声音也差不多。我完全可以蒙头大睡，不去理会这些噪声。结果，头几天我还注意它的噪声，可不久我就完全忘记了它。"很多小忧虑也是如此。我们不喜欢一些小事，结果弄得整个人很沮丧。

其实，我们都夸张了那些小事的重要性。狄士雷里说过："生命太短促了，不要再只顾小事了。"安德烈·摩瑞斯在《本周》杂志中说：

"我们常常因一点小事，一些本该不屑一顾的小事，弄得心烦意乱……我们生活在这个世界上只有短短的几十年，而我们浪费了很多不可能再补回来的时间，去为那些一年之内就会忘掉的小事发愁。我们应该把我们的生活只用于值得做的行动和感觉上，去实现伟大的理想，去体会真正的感情，去做必须做的事情。"

生活就像一枚铜钱，你想要获得一面的同时，无法避免生活的另一面。有钱人的生活比一般人要阔绰，可是他们也有他们的苦恼，也许没有真正的爱情，家庭成员之间可能因为钱而没有真正的亲情，他们还要担心强盗与小偷；有权者在富贵的表面下，可能会没有真诚的朋友，被繁重的日常事务甚至政敌的攻击或者防备而弄得疲惫不堪；而贫穷又使人因为没有足够的金钱而感到生活捉襟见肘。所以，每个人其实都有自己的难解之结。世间没有绝对的好事，也没有绝对的坏事，就像塞翁失马的故事一样。

对于一个心智坚强的人、理智明白的人，他知道生活就像轮子上的一点，在轮子转动的时候，有高潮就会有低谷，好比地球，有高山就会有深谷一样，只要自己挨过苦难的岁月，就会迎来朝霞满天。如果把苦难当作了机会，"困心衡虑，增益其所小能"，那就能够在厄运离去之时，让自己的生活焕发更璀璨的光彩，使自己的人生产生新的飞跃。在生活中，我们虽然要注重小节、注意细节，但不能钻牛角尖，这是一个基本的思维方式。养成了这个习惯，就能使我们既细致而严谨，又能超然于事外，宏观地把握整个过程。

古人云："勿以善小而不为，勿以恶小而为之，惟善惟德，能服于人。"善德之事，虽小必重，而过程中的外在干扰与阻力，不要把它看得太重，有些事情是必然要出现的，出现了，不正是锤炼和检验自己意志与定力的时候吗？所以，女人不要为小事抓狂，遇事要有宽广的胸襟，这样，女人也能和男人一样成就大事业。由于女人肩负着工作和家庭的双重负担，琐碎的事比较多，因此女人更要学会大度和宽容。

不要为小事抓狂，遇事要有定力和宽广的心理容量。否则，因为小事抓狂而让自己方寸大乱，会导致无法预料的后果。

高情商的女人不会用嫉妒折磨自己

嫉妒是由于别人胜过自己而引起抵触的消极的情绪体验。黑格尔曾说："嫉妒是平庸的情调对于卓越才能的反感。"嫉妒是一种心理缺陷。在日常生活中，嫉妒的存在是很普遍的。英国哲学家培根说："在人类的一切情欲中，嫉妒之情恐怕要算作最顽强、最持久的了。"简单地说，嫉妒就是拿别人的优点来折磨自己。嫉妒是人本质上的疵点，培根说："嫉妒这恶魔总是在暗暗地、悄悄地毁掉人间的好东西。"莎士比亚说："你要留心嫉妒啊，那是一个绿眼的妖魔！谁做了它的牺牲品，谁就要受它的玩弄。"

相比较而言，女人似乎比男人爱嫉妒，而情商低的女人又比情商高的女人更爱嫉妒。看到别人比自己漂亮，或者比自己受男士欢迎，心里就醋意大发，这是影响女人幸福快乐的心理缺陷。嫉妒心太强的女人最怕别人超过自己，害怕别人的老公比自己的老公优秀，害怕别人的孩子比自己的孩子聪明，害怕别人的工作比自己的工作待遇好。尤其是在自己的条件与别人相当，或者是自己稍微有些优势的情况下。

如果一个女人经常被嫉妒纠缠，往往会头脑糊涂、停步不前，甚至丧失理智，处处以损害别人来求得对自己的补偿，以至于做出种种蠢事来。好嫉妒的女人由于经常处于所愿不遂的情绪煎熬之中，其心理上的压抑和矛盾冲突所导致的恶性刺激，会使其神经系统功能受到严重影响。而一个人的心灵倘若不能从自身的优点中取得养料，就必定要找别人的缺点来作为养料。所以，爱嫉妒的女人难免会以攻击别人的成绩来安慰自己，或者以贬低别人的成绩来实现两者的平衡。

法国作家拉罗会弗科就曾说过："嫉妒是万恶之源，怀有嫉妒心的人不会有丝毫同情。""嫉妒者爱己胜于爱人。"嫉妒的人，因为容不下别人的长处，所以就通过说别人的坏话来寻求一种心理的满足。从自身来讲，嫉妒会阻止自身的进步，嫉妒使人把精力用在阻碍别人的成功方面，而不是潜心于自我的提高。就他人而言，嫉妒者的恶语、陷害、拆台等往往会给对方造成恶劣的后果。那么，染上嫉妒恶习的女人应该怎样克服或调整这一性格上的弱点呢？

首先，要充分认识嫉妒的害处。

为了攻击和伤害被嫉妒者，嫉妒者需要把自己的主要精力十分明确地投入其中，这无疑是给自己的工作投放一管减速剂，结果，吃亏的仍是嫉妒者自己。

其次，要心胸开阔，放开眼界。要知道"山外青山楼外楼，还有雄关在前头"，比你强的人很多很多，光嫉妒一两个人又有什么用呢？关键在于发奋努力、迎头赶上。

再次，要尊重别人。俗话说，若要受人尊重，先要尊重别人。要敢于正视别人的优点和长处，对于在某些方面超过自己的人要心悦诚服。

最后，要唤醒你嫉妒心理的积极一面。因为凡事都是有两面性的，嫉妒是一种消极情绪，但也有其积极的一面。积极的嫉妒心理能够产生自爱、自强、自奋、竞争的行动和意识。当你发现自己正隐隐地嫉妒一个在各方面都比自己能干的同事时，你就会暗下决心，并愿意付出更多的努力去超过他。从这个意义上讲，嫉妒是你进步的助推器。

俗话说："人比人，气死人。"嫉妒别人就是伤害自己的开始。老子说：对不争者，人莫能与之争。不争，这绝不是软弱，是一种最高尚的心灵境界。属于自己的，不必争，自然会属于你；不属于自己的，争也争不来，争来了，可能会失去更多。总之，对别人产生了嫉妒并不可怕，关键要看你能不能正视嫉妒。

情商高的女人对他人产生嫉妒时，应借嫉妒心理的强烈意识去奋发努力，把嫉妒转化为成功的动力，化消极为积极，超过别人！一个人在嫉妒别人时，总是注意到别人的优点，却不能注意自己比别人强的地方。其实任何人都有不如别人的地方，当别人在某些方面超过我们时，我们可以有意识地想一想自己比对方强的地方，这样就会使自己失衡的心理天平重新恢复到平衡的状态。俗话说："世上本无事，庸人自扰之。"

嫉妒别人者都是庸人，自己给自己制造烦恼、痛苦和思想包袱；自己给自己制造"敌人"，树立对立面；自己给自己制造不平静，所以，嫉妒者都是无事生非和无事自扰的庸人。德国谚语说得也很妥帖，"嫉妒是为自己准备的屠刀"，"嫉妒能吃掉的，只是自己的心"。

翻一翻历史，没有一个嫉妒者有好下场：隋炀帝因嫉才妒能，招致群臣离心离德而覆亡；杨秀清因权欲熏心，嫉妒洪秀全和众亲王，想夺天王之位，最后被杀；梁山泊的第一任寨主王伦嫉妒晁盖、吴用而灭身……所以，聪明的女人意识到自己有了嫉妒之心就应该立即刹车，打消损人的恶念，把嫉妒心转化为向他人学习的动力，努力追赶上去，这样才会创造出令人羡慕的成绩。

嫉妒是人生中一种消极的负面情绪，更是损坏人们身心健康的一大罪魁祸首；嫉妒还是人际交往中的心理障碍，它不仅容易使人们产生偏见，还能影响人际关系。所以，女人要正确看待嫉妒心理，积极地对它进行矫正。

第三章 情绪管理：控制情绪，做自己的情绪女王

41

合理对待压力，让自己的脚步轻盈

随着人们的生活压力越来越大，笑容似乎也开始需要勇气和智慧才能取得。情商高的女人在面对来自各方面的重压时，往往能够轻松驾驭，让自己永葆快乐。

人生一瞬，苦乐相随，没有人会永远一帆风顺，也没有人会永远水深火热。每个人都会有烦恼，能够过得幸福，主要看各自对待困难、愁苦的态度。面对生活中的磨难，有的女人成天怨天尤人，结果离幸福越来越远。但也有一种女人，她们在磨难中反而如花般绽放，拥有了更加成熟、淡定的隽永气质。这种女人，就是高情商的女人。

人生就像爬山，本来我们可以轻松登上山顶去欣赏那美丽的风景，但由于身上背负了太重的欲望包袱，带着没有止境的索求上路，不但越爬越累，登不上山顶不说，甚至连沿途的美丽风景也会忽略掉，空留一身的疲惫。其实，女人的压力大多源于自己的心态，而女人心态的好坏与情商的高低是分不开的。高情商的女人知道如何调整和放松自己，而情商低的女人在巨大的压力面前，则会产生一种莫名的恐惧。总之，越来越多的女人因为工作关系复杂或家庭生活不协调而感到压力很大，甚至感到恐惧或筋疲力尽。

过大的压力会对身体机能产生负面的影响，导致一系列身心疾病的发生。面对情绪负担过重的情况，现代心理学对付它的办法是想办法让自己在紧张与恢复之间找到平衡。长时间像蜗牛一样背负着沉重的压力，女人终究会被累倒的，没了对工作和生活的热情，爱情也变得疲倦，容颜苍老，皮肤粗糙……对此，对症下药才有效，要缓解女性的这种心理压力，还需要从她的"求全心态"入手。于是，有人提出了"不完美"的观点来帮助女性减压。女性有抱负当然是好的。但是女性在生活中除了要扮演好工作上的角色，还是一个妻子、一个母亲，如果在工作上对自己的要求过于苛刻，势必会忽略自己的其他角色。所以，高情商的女人会拿捏轻重，不定那些不切合实际的工作目标，以免给自己太大的压力。更重要的是要懂得欣赏自己的成就，不要太在意上司以及别人对自己的评价，凡事尽心尽力，但不苛求，否则，遇到挫折就可能导致身心疲惫。

　　人的精力毕竟是有限的，对一些职业女性来说，工作和家庭的双重压力，使她们觉得平衡家庭和工作之间的关系简直比走钢丝还难，摇摇晃晃，甚至胆战心惊，还可能免不了失败的结局。实际上，人类本身还是需要一定的压力的，这样才能活得更充实和满足。现代女性需要了解自己情绪的能源收支情况和培养自己由放松、休息、冷静到再获得力量的能力，视危机、压力为一种挑战，然后积极应战。面对压力的最明智的行为是设法化解，而不是消极躲避甚至被压垮，要力争让恶性的压力转变成你积极行动的正面的推动力。

情商高的女人懂得平衡的智慧，使家庭与事业两不误。比如她们会在孩子起床之前先打点好自己的一切，而那些情商低的女人则在孩子醒来哭闹的时候，还在为自己穿什么衣服而犯愁，结果只会更加手忙脚乱，以致心情烦躁；那些情商高的女人会合理分配家务活，即使是年龄偏小的孩子也让他做点力所能及的事情，而情商低的女人恰恰相反，她们喜欢任何事情都亲力亲为，结果常常因为疲劳而精神不佳。情商低的女人就像蜗牛，总是负重前行，以致越活越累；情商高的女人懂得为自己减压，凡事不苛求，学会简单地生活，因此她们容易找到心理的平衡。

人生本来就很短暂，生活本来就不轻松，女人们应该学会在工作与生活之间找到平衡，既能轻松地工作，又能快乐地享受生活，感悟人生。

第四章

恋爱情商：
那些相濡以沫的厮守，
需要情商的浇灌

一切以分手做赌注的爱情都会以分手告终

有人说："世上文字八千万，唯有情字最杀人。"陷入爱情的女人，往往会迷失心智，由于太过在意对方，所以总在确定对方对自己的爱。为了确定这份爱，她们会不断地考验对方，考验来考验去，反而适得其反，将男人的耐性磨没了。

吵架的时候，女人会一次次地提出：我们分手吧！女人以为，爱情的迷茫、不确定会让自己有足够的勇气，做好准备等待男人最糟糕的答案；女人以为爱情就像一个开关，啪的一声打开，啪的一声关闭；女人以为及时拔掉电源就可以幸免于毁灭；女人以为分手可以解决所有的困惑、痛苦、忧郁；女人以为缓慢的生长可以愈合此处的断裂；女人以为她说分手男人就会挽留她。可是，到底是男人不懂女人，还是女人不懂男人呢？

恋爱中，有些女人总爱时不时地开个玩笑来考验一下对方，看看对方"到底爱我有多深"，"对我有多真"。如果考验一两回倒也无碍，但如果次数多了，甚至以假装分手来考验对方，这玩笑就有点过分了。这不仅会影响对方的情绪，还有可能造成恶果。比如：有许多女孩子喜欢在男友工作忙得不可开交的时候，突然打电话说自己很想他，看他怎么处理工作和恋人之间的矛盾，看他是否真的在意自己的感受；或编出一个根本不存在的追求者，测试他吃醋的程度；还有许多女孩子动不动就拿分手来要挟男友。可是，"分手"二字虽短，但分量极重。也许你一气之下说出口，自己不觉得什么，等到事后，才知道事已至此，即便是后悔也来不及了。你可能只是故意拿分手来考验你的男朋友，而他每次听你说分手的时候，也会极为配合地极力挽留，好言相劝，甚至痛哭流涕，而女人也恰恰陶醉于他的挽留之中不能自拔。但是，时间久了，人肯定都会"疲劳"的。考验男人应该懂得把握度，绝对不能一而再、再而三。

　　情商高的女人也会打电话说"我生气了，以后都不想理你了"等。但只要男人拿着一束玫瑰或者一个抱熊玩具来到她的窗前时，她不会拒而不见，相反，她会满脸绯红、娇嗔地问，"玫瑰是不是从最便宜的那家买的？"因为她们懂得，考验不是目的，而是为了让爱情得以升华。考验一个人本来是无可厚非的，但每个人的耐性都是有限的。女人考验男人要适度，要分清事实真相。如果不分青红皂白地埋怨和责备对方的话，也可能会适得其反。当女人想利用分手来考验男人的时候，男人的心理活动或许比女人多得多。不要怪男人做出分手的决定，因为有了上面的心理过程而且不止有过一次的男人会真的觉得和这样的女人在一起很疲惫，会真的感觉到这种爱情的飘忽不定和极度不安全。如果女人能够了解男人的这一特点，就不会拿分手作为考验的武器，就不会一次一次让男人把痛苦的泪水往肚子里咽。

　　女人也许没有注意到：当男人决定不再接受女人的考验而分手的时候，他的心里在流泪，他的心在哭泣。张爱玲曾说：一个成熟女人的身体加上一个孩童的头脑，这样的眼神才最有魅力。相信绝大多数男士都会喜欢这样的女人做老婆——成熟而简单。男人不喜欢太聪明的女人，尤其是自作聪明的女人。

　　无论在感情上还是生活中，太过聪明往往都会"聪明反被聪明误"！不要把"分手"作为考验爱情的一关，除非你真的做好了分手的准备。否则，奉劝你还是乖乖地做一个简单的女人，也只有这样的女人才会快乐！

从那些相处的小细节，了解爱情的真相

　　人们在刚刚进入爱情的时候，往往并不了解对方，就算注意了，也大多只是一些表面情况。人们在谈恋爱的时候往往先注意的是对方的外在条件，但随着恋爱的进展，尤其是该谈"正事"的时候，才越来越深刻地了解了对方的内在品质。但这并不容易，因为双方在恋爱的过程中，都存在着有意识掩饰缺点的倾向。有很多情商低的女人缺乏慧眼识人的本领，因此婚后才出现后悔"自己瞎了眼""上了当"的局面，甚至演绎出"以误解而结合，以了解而分手"的悲剧。所以，我们在谈恋爱的时候应该有意识地观察和分析对方，看清他的本质。当然，这些观察必须是自然而然进行的，作为恋人，绝不能故意地设置一些所谓的"考验"，更不能有诸如偷看日记、偷拆信件、偷听谈话之类的"克格勃"行为。不然，不尊重对方的人格会导致自己的人格也得不到尊重，那就可能导致美好的爱情被葬送掉。

　　如果你想深入地了解你的恋人，可以从以下几点着手：

1. 从他的价值观中了解他的为人

　　比如你的男友特别赞赏某个男人，很可能是因为你的男朋友也是这一类人，也或许他可能在潜意识里以那个男人为榜样；倘若男友十分欣赏某一类女性，从中可以折射出他对女性的审美标准和要求。

2. 从细微处观察人

在恋爱时，在强烈掩饰心理的控制下，一般都会表现得志向很高，为人很善良，做事很有胆魄，心胸很宽广。但实际上可能并非如此。而在琐碎的小事上，人的自我控制意识往往会松弛下来，因而容易表现出他的"本来面目"。

3. 观察他的处世态度和行为方式

很多女孩见男友对自己既宠爱又殷勤，就盲目地沉浸在爱的甜蜜之中，以为结婚以后男友也会如此这般地对待自己。其实，这很有可能是自我误导。应该多留心他对家人、好友甚至是陌生人的态度，因为这才有可能是他将来如何待你的预示。

4. 判断人的最好的方法是长期观察

要想真正了解一个人就要对其进行长期观察，不要一见面就对一个人的好坏做出结论，因为结论下得太早，会因你个人的好恶而发生偏差，从而影响今后的交往。另外，有些人为了生存和利益，常会戴着"假面具"，这些"假面具"可能为你而戴，表演的也正是你喜欢的角色，如果你据此判断一个人的好坏，那就可能会吃亏上当。人们在初次见面时，有可能"一见如故"，也有可能"话不投机"，但此时要为自己和对方保留一些空间，然后冷静地观察对方的所做所为。一般来说，一个人再怎么隐藏自己的本性终究也会露出真面目。因为"面具"戴久了自己也会觉得累，于是在不知不觉中会取下"假面具"，就像演员一到后台便把"面具"卸下来一样。"面具"一拿掉真相就露出来了，但他绝对想不到你仍在一旁观察他。因此，女性朋友要擦亮眼睛，选好自己的另一半。

时间是检验事实最好的良方。也许刚开始你对某人心存芥蒂，但时间久了，你便会发现他的内心其实是正直、诚实的。

选择最合适自己的爱人，收获稳稳的幸福

爱情是人类最神秘的一种情感，毫无血缘关系的两个人彼此吸引，走在了一起。人际间的好感可以相互传达出强大的力量，以至于能够弥补客观条件的不足。是相似性而非互补性把人们结合到了一起，相似性主要包括三个方面的匹配度：价值观与人格、兴趣和经验、人际风格。其中，人际风格是最重要的关系预测指标。与和自己人际沟通风格有所差异的人交往会有挫折感，且较少有进一步发展的可能。相爱容易相处难。相处中最重要的就是宽容和妥协，当然这是建立在信任和了解的基础之上。没有宽容和妥协，任何两个人都无法相处。

在现实生活中，有许多看似不可能的事情最后却变成了现实，爱情也是如此。那些看上去似乎不般配的夫妻，居然能过得很幸福很美满。这其中的秘诀又是什么呢？应该就是我们再熟悉不过的那句话——不找最好的，只找最合适的。

张倩在高中的时候就谈起了恋爱，后来她和她的男友一起考到了上海一所大学，关系才公开。张倩长得很漂亮，她的男友也非常有才华，担任学校学生会主席，同学都羡慕他们，说他们是郎才女貌、天造地设的一对，他们也为此感到高兴。

大学毕业后，张倩在一所中学教书，男友则在一家外资公司中国办事处工作。张倩希望赶快结婚，建造一个属于自己的幸福家庭，而男友则对结婚没兴趣。他每天努力奋斗都是想要在职场上干出成绩，后来他开了一家自己的公司，还经常抱怨张倩的大学简直白上了，一点想法都没有。渐渐地，他对她变得忽冷忽热，若即若离，令人无法忍受。于是，张倩先提出了分手，男友则毫不犹豫地答应了。

那时候，张倩想哪怕他稍微挽留一下自己，她都不会结束这段感情。后来，张倩遇到了现在的丈夫李杰，他是一名公务员，长相普通，穿着亦不讲究。相亲那天，李杰便坦白地说："我还没有谈过恋爱。"那年，李杰29岁。因为他外表不出众，加上内向的性格，因此对于这一点张倩并不吃惊。相处一段时间后，她感觉到了李杰对自己的好，实实在在地感受到了自己在他心目中的地位。于是，张倩嫁给了他。因为她知道，李杰不是最好的，甚至很多人都认为他有点儿配不上她，但是她觉得李杰是最合适的。婚后，李杰对她依然很好，张倩也觉得自己过得非常幸福。她明白了自己的这个选择是多么正确，经常不经意地露出满足的笑容。只有适合你的人才能与你共度一生。

假如你是一个一心想成就事业的人，认为为了事业的成功可以牺牲时间、精力。如果你的另一半也和你一样，抱着为了成功可以不惜一切的想法，那么你们就会像一对优秀的合作伙伴，可以每晚都一起"交流心得"；如果你是一个心性淡泊的人，只想有一本好书、三两知己，那你就要选择一个和你持同样人生态度的人共度一生，这样你们才会有幸福。并且，当你爱一个人的时候，爱到八分则刚刚好，这样所有的期待和希望都只有七八分，用剩下两三分来爱自己。如果你继续爱得更多，很可能会给对方沉重的压力，让彼此喘不过气来，完全丧失了爱情的乐趣。所以请记住，喝酒不要超过六分醉，吃饭不要超过七分饱，爱一个人不要超过八分。

如果你正在为爱迷惘，或许下面这段话可以给你一些启示：爱一个人，要了解也要开解，要道歉也要道谢，要认错也要改错，要体贴也要体谅，是接受而不是忍受，是宽容而不是纵容，是支持而不是支配，是慰问而不是质问，是倾诉而不是控诉，是难忘而不是遗忘，是彼此交流而不是凡事交代。可以浪漫，但不要浪费；不要随便牵手，更不要随便放手。最优秀的不一定是最合适的，而唯有最合适的才是最好的，是能与你携手走完人生路的人。

相对于恋爱的浪漫，婚姻就现实得多，而且需要在后半生都生活在一个屋檐下，同甘苦共患难，因此只有生活在最适合自己的爱人身边，你才会感到如找到了归宿一般的安宁，你才会得到自我价值被肯定的成就感。

懂得制造浪漫的女人更值得人爱

　　人们每时每刻都在制造着专属于自己的回忆，这份回忆会如何全看你现在怎么做。高情商的女人会适度地制造一些浪漫，让自己的回忆变得丰盈，充满欢笑。浪漫就像古代仕女的花手绢，制作的时候是一种兴趣，而使用的时候则是一种情趣。一个善于营造浪漫的女人，同样也是一个懂得生活的女人。

　　浪漫的到来常常没有任何征兆，它来自瞬间的冲动和兴奋。可以是追求者意想不到的表白，也可以是经年累月的相思情怀，甚至可以是突如其来的情感暴风雨，而且毫无理性可言……恰恰是这种无可捉摸的情绪，更让男人们为之心驰神摇。

　　一个女人背着男人在天桥上费劲地往前走着，一边走还一边数着数。尽管有很多人不解地看着他们，但两个当事人的脸上洋溢着灿烂的微笑。有好心人过来问："需要帮忙吗？"女人笑了笑，说："不需要，我们只是在做一个游戏。"走了一个来回之后，男人又将女人背上走了一个来回，然后他们手拉着手离开了。这个游戏的秘密只有他们自己懂得。

　　这对情侣是从农村来城里打工的，微薄的薪水几乎都寄回了家，但是，他们也有他们的浪漫。那一年男人过生日，女人搜遍了口袋也没找到几个钱，而且离发薪水还有一段时间，于是她就想到了这个主意：背男人在天桥上走一圈。男人当然不忍，结果男人也要背女人一个来回。接下来的每一年，他们都要玩这样的"游戏"，这是两个人浪漫的秘密。

浪漫不一定要鲜花美酒，不一定要花前月下。一个温柔的眼神，一次简单的牵手，一声轻松随意的赞美……都可以成为浪漫，也都可以成为一种生活的情趣。女人的浪漫，不是赤裸裸地说"我爱你"；女人的浪漫，不着痕迹，却让人意外与惊奇。

有一个结婚两年的女人，虽然丈夫依然对她很好，虽然她也有着不错的收入，但是她总感觉生活中缺少了什么，总是抱怨自己不幸福。她经常会想起恋爱时的日子，那时候，丈夫会在某一刻忽然出现在她面前，手捧着玫瑰，还会约她去咖啡厅、去游乐场……那时她觉得自己是最幸福的女人，她很满足，也很欣慰，找了这样一个懂得浪漫的丈夫。可是自从他们结婚以后，丈夫再没给她买过玫瑰，每天下班回来手里不是提着菜，就是拎着一些必要的生活用品。他们再也没去过电影院或咖啡厅，甚至餐馆都很少去，即便偶尔去一次，丈夫的眼睛也是盯着菜，而不是她。这样的生活让她倍感失落，于是，她经常回忆过去的浪漫，不时地找些诗歌来读，而这些并没有让她快乐起来，相反，她越发觉得自己很不幸福。她甚至有了这样一个念头：原来婚姻真的是爱情的坟墓。

想到这儿，她自己都被这样的想法吓了一跳。曾经自己不是非常爱他吗？不是非常希望与他生活在一起的吗？一天，女人在读书的时候偶然读到了这样一句话："草地上开满了鲜花，可牛群来到这里所发现的只是饲料。"她一下子醒悟过来：原来情感的粗糙和浅薄，缺乏浪漫，才会使婚姻生活变得毫无情趣，缺乏色彩。她不再抱怨，而是自己营造起浪漫来。那天，她去超市买了很多东西，还到花店买了鲜花。回来后，她把鲜花插到花瓶里，又做了一顿丰盛的晚餐，点上蜡烛，等着丈夫回来。丈夫下了班，一进屋，就被眼前的景象惊呆了，只见屋里放着很多气球，摇曳着烛光，还有精心打扮过的妻子，于是感动的丈夫深情地抱住她，女人感觉到了久违的幸福。后来，女人开始留意经营生活中的浪漫，有时候买点小饰物装饰卧室，或者买回几条小鱼等，他们似乎又重新回到了恋爱时光。受她的感染，丈夫也会偶尔制造一次浪漫大餐，还会买花回来，甚至还买过几次音乐会的票。

很多婚姻走向破裂是因为忽略了感情的细节，没有用心体会对方细微的情感需要而造成的。女人的生活情趣不一定要等着男人给予，有时候简单的一次浪漫就会让你找到久违的幸福和快乐。

女人们赶快行动起来吧，学会寻找并制造浪漫。其实，亲密关系的营造并非一定要大费周折才能完成，不妨试着两个人手拉手在路上散步，共享一本两人都爱看的书，背靠背听一段轻音乐，你会发现，浪漫的感觉，原来是如此简单。是因为爱情才让男人和女人共同步入婚姻的殿堂，婚姻给予爱情生长的环境。只有及时地将浪漫的激情转化成为安稳的生活，然后在平平淡淡的生活中慢慢地体会，那么婚姻才会美满而又幸福。

在坎坷的岁月里，一句鼓励的话，一个温存的拥抱，都在营造着浪漫的气氛，都在体现着点点滴滴的爱。在困苦的日子里，一碗为你而留的粥，一种不离不弃的态度，都显现着爱的真挚。然而当生活变得越来越好的时候，大家却在感叹体会不到浪漫的存在了。这是因为你的心对浪漫失去了识别的能力，而并非没有浪漫存在。你不再会认为一碗粥是

浪漫，甚至从精心准备的姜炒螃蟹中也觉察不出一丝浪漫。

人们更多地把爱、把浪漫看成是像罗密欧与朱丽叶那样的生死缠绵，看成是梁山伯与祝英台那样的化蝶欢飞。那只是文学作品，真真切切的爱是离不开现实的。台湾作家张晓风说，爱一个人，就是不断地想，晚餐该吃牛舌还是猪舌，该买大白菜还是小白菜。把爱落实在碗里，实实在在，朴实无华，却感人至深。其实，表达对一个人的爱很简单，制造一回浪漫也很简单。有时一个会心的微笑要胜过千万句甜言蜜语，一个深情的凝视会比金银、钻石都珍贵。

大多数女人是喜欢浪漫的，而男人则喜欢浪漫的女人。所以，高情商的女人既要懂得享受烂漫，也要懂得创造浪漫。

第五章

社交情商：
  做最靠谱的人，
  打造高质量的朋友圈

高情商的女人懂得控制自己的锋芒

《易经》中有这样一句话："君子藏器于身，待时而动。"无此器最难，有此器不患无此时。情商低的女人常常怕别人看不出自己有多大的能力，为人处世不懂得低调，其实这样做根本换不来任何好处。爱显露自己的女人，就好像是额头上长出了角，必然会容易触伤别人，如果不去想办法磨平自己的角，时间久了别人也必将去折你的角。而情商高的女人懂得低调处世，就能避免许多无谓的伤害，让自己在暗中积蓄实力再出击，获得最后的胜利。精通历史学、文学和哲学的胡适先生在一封写给朋友的信中说道："我受了十余年的骂，从来不还击骂我的人，就连一句多余的解释也没有必要。解释是杯水车薪，是不起任何作用的。即便把对方骂得体无完肤，又能怎么样？相互争吵辱骂，既不会给任何一方带来快乐，也不会给任何一方带来胜利，这样的人在旁观者的眼里也不过是一只好斗的公鸡罢了。如果骂我而使骂者有益，便是我间接于他有恩了，我自然很情愿挨骂。"

从这封信的内容来看，胡适先生如此做法，也是低调做人的一种方式。他不还击，低调来对待"被骂"这件事，久之，对手也会觉得没意思，自动停止攻击。

低调做人是一种品格、一种境界，是做人的最佳姿态；同时，它也是一种思想、一种深刻的做人哲学。古往今来，成大事的女人无不是审时度势，放低姿态做人处世，且在暗地里积蓄力量，韬光养晦，等待时机行动。低调做人是最沉稳的中庸艺术。善于低调做人，是赢得成功人生的关键所在，也是体面生存和尊严立世的根本。与此相反，在现实生活中，我们常会遇到一些夸夸其谈的女人，她们总是想把自己光鲜的一面显现出来。其实，这并不是明智的做法。当你这样说了、这样做了的时候，对方会认为你还不成熟。所以，与人交往时，最好低调一些。成功的女性不仅在生活中保持低调，在任何时候、任何重要场合都会保持谦虚的作风。

英格丽·褒曼在获得两届奥斯卡最佳女主角奖后，因在《东方快车谋杀案》中的精湛演技，又获得最佳女配角奖。然而，在她领奖时，竟一再称赞与她角逐最佳女配角奖的弗纶汀娜·克蒂斯，认为应该获奖的是这位落选者，并由衷地说："原谅我，弗纶汀娜，我事先并没有打算获奖。"

褒曼作为获奖者，没有喋喋不休地讲述自己的成就与辉煌，而是对自己的对手推崇备至，极力维护对手的面子。无论这位对手是谁，都会十分感激，并且认定她是自己可以交心的朋友。

在为人处世中，你的言行举止处处都影响着别人，要学会换个角度考虑问题，不能使对方产生低人一等的感觉。纵观古今，那些经得住历史沉淀、那些取得成功的人和事，更多秉持的是一种低调的处世原则。当然，并不是说高调做人就不会取得成功，只不过低调是更为保险的人生策略。

低调是做人的一种艺术。低调做人，能让更多的人接纳自己，能为自己赢得更多的朋友，能为自己带来更多的人脉，这时你自然而然就会成为一个受人欢迎的人。

间接提议，让别人乐意接受你的建议

我们每个人都有着自己的一套观点与看法，它支撑着我们的自信，是我们思考的结果。无论是谁，遭到别人直言不讳的反对，尤其是当受到激烈言辞的迎头痛击时，都会产生敌意，导致不快、反感、厌恶乃至愤怒和仇恨。这时，我们会感到，气窜两肋，肝火上升，血管暴胀，心跳加快，全身处于一种高度紧张的状态，时刻准备做出反击。实际上，这种生理反应正是心理反应的外化，是人类最本能的自我保护机制的反映。迂回地表达你的建议，可避免直接的冲撞，减少摩擦，使人们更愿意考虑你的观点，而不被情绪所左右。这样，他们才有可能接受你的建议。

自然，对于很多成功女性来说，由于经历颇多，久经世故，是能够临危而不乱、沉住气的，不会立即做出过激的反应。而且，许多女性还是有一定心胸的，不会受情绪左右而意气用事。不过也有一些女性，因其性格强势或者是身处职位的关系（尤其是处于领导地位的女性），控制欲非常强，遇事喜欢依照自己的观点行事，喜欢以直接命令的方式提出建议，一旦这个建议不能被采纳，她们心中的不快就很难控制，甚至会出现愤怒的情绪。

可是，她们不知道，过于直接地提出某些建议，会使他人自尊心受损，大失脸面。因为这种方式使得问题与问题、人与人面对面地站到了一起，除了正视彼此以外，已没有任何回旋的余地，而且，这种方式是最容易形成心理上的不安全感和对立情绪的。你的反对性意见犹如兵临城下，直指他人的观点或方案，怎么会使他人不感到难堪呢？尤其是在众人面前，他人面对这种已形成挑战之势的意见别无选择，只有痛击你，把你打败，才能维护自己的尊严与权威，而问题合理与否，早就被抛至九霄云外了，谁还有暇去追究、探索其中的道理呢？

其实，有些问题不必采用直接点明的方式，相反，采用间接的方法来指出问题，有时效果反而会更好。你无须用过多的言辞，无须撕破脸面，更无须牺牲自己，就可以说服他人接受你的意见。直言指出他人处事的不当，或直接提出一些建议来纠正他人性格上的弱点，这不是"爱之深，责之切"，而是"和他过不去"。而且，你的建议也不会产生多少效用，因为每个人都有一个"内心堡垒"，自我便"缩藏"在里面，你的直言建议恰好把他的"堡垒"攻破，把他从"堡垒"里揪出来，他当然不会高兴！因此，要委婉地提出建议，这样他人才会很容易、很乐意接受。

如果你是对的，就要试着温和地、有技巧地让对方同意你；如果你错了，就要迅速而热诚地承认。这要比为自己争辩有效得多。

高情商的女人，轻松化解尴尬场面

在社交时，难免会遇到一些意想不到的新情况和变故，甚至出现"场面一度十分尴尬"的情况。这时候，情商高的女人，往往能够迅速做出反应，说出得体的话，来化解尴尬。这种"应变"能力，不仅能反映一个人灵活、变通的智慧，更能挽回自己的颜面。尴尬的场面在生活中会经常碰到，因此，要学会化解尴尬，面对尴尬局面，只要你用以下方法积极思考，随机应变，应付起来就并不难。

1.冷静自信

一个人的应变能力反映着他的机智，一旦碰到意外的变故，能表现出高度的冷静和强烈的自信，甚至伴以适当的微笑，这是一种强者姿态。只有这样，才能急中生智，发挥自己敏捷的思维能力和语言应变能力。也只有这样，才能摆脱困境，化险为夷，化拙为巧，收到理想的效果。如果情绪过分激动或紧张，只会抑制自己的思维活动，使自己陷入不利的被动局面。

2.诙谐幽默应变的语言

没有人会讨厌一个幽默的人，所以应变的话语最好能诙谐幽默一些，因为这样的语言能使局促、尴尬的场面变得轻松、缓和，避免正面冲突，也能使自己和对方的紧张情绪得到缓解，甚至可以消除对方的敌对情绪。在人际交往中，幽默就像湿润的细雨，可以冲淡紧张的气氛，缓解内心的焦虑，缩短彼此间的距离，也是破除尴尬的良方。

著名女主持人杨澜还在担任《正大综艺》节目主持人时，曾被邀请为某市的一次大型文艺晚会担任主持人。可是在演出中途，杨澜不小心在下台阶时摔了下来。在这种大型场合出现如此情况，确实令人尴尬。但杨澜非常沉着地站了起来，凭着她主持人特有的机灵，对台下的观众说："真是马有失蹄，人有失足呀。我刚才狮子滚绣球的节目滚得还不熟练吧？看来这次演出的台阶不是那么好下呢！但台上的节目会很精彩的，不信，你们瞧他们。"话音刚落，会场就爆发出热烈的掌声。

3. 转换话题

日常用语中，许多词语表达的概念没有明确的界限，常常存在一定的多义性和模糊性。利用词语的这一特性，可以把话题中的某些要领转换成与它相近的另一个概念，避开原先的话题，这样就可以避免尴尬。如果对方的话让你陷入尴尬，你不妨从他的话里举一反三，寻找答案。

4. 自我解嘲

自我解嘲是指以自我嘲弄、自贬等方式堵住别人的嘴巴，摆脱窘境，从而争取主动的一种舌战谋略。自嘲能转移别人的注意力，增添情趣，对于化解尴尬有奇效。矜持的女性也不妨放下架子适时采用，定能收到奇效。自嘲，是女人幽默的最高层次，口才好的女人取笑自己，可以消除误会，化解麻烦，感动别人，并获得尊敬。

某女作家写作太累，在开会时睡着了，鼾声大作，逗得参会者哈哈大笑，她醒来发觉其他人都在笑自己。一位同仁说："身为一个女人，你居然能打出这么有水平的'呼噜'！"她立即接着说："这可是我的祖传秘方，高水平的还没有发挥呢！"于是在大家的哄笑声中为自己解了围。

运用自嘲，委婉拒绝，既表达了自己的意思，又使对方乐于接受。所以当交谈陷入窘境时你如果怒不可遏地反唇相讥会遭到更多的嘲讽，不如超脱一些，自嘲自讽，反而显得豁达和自信。这种超脱使自己摆脱了"狭隘自尊心理的束缚"，又堵住了别人的嘴巴。当然，消除尴尬还有许多方法，这就需要你在日常生活中多加揣摩和实践了。

给批评化个妆，做受人欢迎的女上司

几乎每个人都受过批评，小时候有家长、老师的批评，参加工作了有同事、上级、老板的批评，结婚了有伴侣的批评，等年龄大了有孩子的批评……而每个人也都批评过别人。

不喜欢批评是人的天性。可是，批评又是我们生活的一部分，不可避免。尤其是在企业里，由于员工的过失，或者员工的不尽职等，领导批评、指点就成了必备事宜。情商低的女上司一般会不顾场合地批评下属，使得下属在众人面前颜面尽失，更使得下属和自己离了心。试想，在有第三者在场时，批评员工会令被批评者颜面尽失，也会令第三者感到尴尬，第三者就会想下一个对象会不会就是我？无形之中，在员工的心里就会留下一种对领导者的恐慌，有一种危机感，这会损害领导者在员工心目中的形象，领导魅力也会大打折扣，对领导的向心力就会减弱。因此，在批评他人之前，应该先说一些亲切和赞赏的话，诸如"这件重要的工作你干得不错，如果你能在某个地方加以改进的话就更好了"之类的话。

批评也是一门艺术。作为一名女领导者，批评下属时不妨注意以下几个方面：

1. 批评要讲究方式方法

命令式的批评虽然容易，但很难被人接受。如能采取请求式的批评，情况就大不一样了。因为请求能使对方产生伙伴般的亲切感，同时也可以向对方证明你是相信他的人格的。无论是谁，出于自发动机干某件事情比起受人支配干某件事情来，不仅心情舒畅，而且干劲也足。

2. 公开表扬，私下批评

中国人向来爱面子，如果领导在公开场合批评员工就会使员工感觉很没面子，甚至会使得员工对领导怀恨在心，关系紧张。其实员工在听到领导对自己的批评后，更多的是关注同事对自己的看法和反应。反过来说，由于领导批评员工，使员工对领导有了看法，认为领导每天只知道批评他人，却不会反省自己。这样的领导带出来的团队是没有战斗力的，或者是战斗力非常低的。所以，聪明的女上司要学会夸奖与批评的艺术，在众人面前表扬为先，然后再单独批评，护全员工的颜面，不仅会让员工感觉到你对他的关心，更能让员工乐于接受你的批评和建议。

3. 间接提醒比直接批评要好得多

间接指出别人的过失要比直接说出口来得温和，且不会引起别人的强烈反感。

4. 批评要有针对性

批评要有针对性，不要让被批评的人一头雾水。不讲清楚具体问题出在哪里，如何改进，那就会打击别人的积极性。批评应明确具体，指出哪些地方做得好、哪些地方还有欠缺、怎样改进这些地方等。千万不能转弯抹角、含糊其辞，把真正要传递的信息搞得含混不清。提出解决方案要让被批评的人佩服，如果你的批评没有说服力，不能让员工心服，那么员工就不会认可你的领导，甚至还会影响到员工的工作积极性。

批评可开门见山，说明解决问题的可能性，提出可供选择的解决办法，或言辞委婉地告诉听者需要注意的不足之处。总之，批评时采用正确的方法非常重要。好的方法能够凝聚人心，能够促进企业的生产力；不好的方法会使人心离散，使企业的生产力下降。在企业里，表扬的声音一定要远远大于批评的声音，这样企业才能够散发出人性的光辉，企业的绩效才能提高。

批评也是一门艺术。在批评他人时，要注意留住他人的面子，让对方心服口服地接受你的批评，这样才能起到应有的作用。

至少有一个你能够把心交出去的密友

范玮琪在《一个像夏天一个像秋天》中这样唱出了女性之间的友情："如果不是你，我不会相信朋友比情人还死心塌地，就算我忙恋爱，把你冷冻结冰，你也不会恨我，只是骂我几句，如果不是你，我不会确定，朋友比情人更懂得倾听，我的弦外之音，我的有口无心，我离不开Darling更离不开你⋯⋯"

对于女人来说，有几个闺中密友是快乐生活必不可少的条件。在平凡的生活中，每个女人都需要有几位知心朋友来提供感情的养料，因为没有任何一个人，当然也包括你的丈夫，可以在所有方面都能达到你的要求，如果没有朋友可以诉说，你就会把所有的期待都放在丈夫身上，而他会感到压抑甚至是窒息，因为他不能完全满足你的期待，他甚至无暇顾及这些生活小事。女人和女人的友谊是感性的，她们一块儿逛街、喝茶、聊聊八卦，或者一块儿讲些鸡毛蒜皮的生活琐碎。她们会为某件事情一起流泪，可是不一会儿又可以因为另一件有趣的事情一起笑开来。女人和女人就像是彼此的镜子，照着照着就互相怜惜起来。

闺中密友能给你带来如下好处：

1. 闺蜜易与你产生共鸣

从跳皮筋时的玩伴，到寝室里的"死党"，再到拉家常时的"姐们儿"，都是你的红颜知己。有几个知心的好姐妹一起分享快乐，分担悲伤，会让你的生活增添许多幸福，同时省去许多烦恼。女性朋友可以和你海阔天空地聊天，可以与你交流关于彼此的丈夫、婚姻生活中的林林总总，而这些却是丈夫们无法做到的。同时你也会发现，女人似乎比男人更善于挖掘内心深处的情感，并且会以不同于你丈夫的方式与你产生共鸣。她们不会受你影响，自然也不会介意你发牢骚。当然，这一切并不意味着你可以无限制地孤立你的丈夫，你可以在婚姻遇到麻烦时向朋友们吐吐怨气，最终的目的是提醒自己，其实你嫁了个不错的男人。找一个可以把握好分寸，帮你最终达到这个目的的朋友倾诉吧！

2. 闺蜜是最好的情感处理者

女人是群居动物，最害怕孤独，所以女人逛街喜欢有人陪，吃饭喜欢有人陪，就连上厕所最好也不要"孤身一人"。绝大多数女人会对同性产生信任和依赖的感情，因为这是一个与自己完全相同的个体，她们能够理解和体会你的悲喜。已婚的女人进入生命历程的多事之秋，婚姻、生育带给她们许多从未有过的体会，当然，烦恼和困惑也随之而来，当你将很多烦恼和困惑与男性朋友分享时，他们多数轻描淡写地打发过去，最多也就是发出一声同情。但这些话题在跟女朋友分享时，就会发现她们不但能够理解和

体会你的所有悲喜，并给予你最贴近的关怀和帮助。因此排解烦恼、缓解压力最常用的方法就是找闺蜜倾诉。

3. 不用担心会被对方取代

目前有句流行语是：20岁的男人喜欢20岁的女人，30岁的男人喜欢20岁的女人，40岁的男人眼睛盯着的还是20岁的女人。虽说女人已经通过婚姻建立了自己在两性关系中的法律地位，并且通过孩子为这种关系加上了双保险，但还是不能保证丈夫永远在你身边。从这一点讲，两小无猜时建立的"手帕交"则要稳固得多。虽然在此之前，毕业的分离、工作的变迁、结婚生子之类的事情常常会给人生带来变动，带走或带来一些朋友，可一旦这种友谊被保留下来，则让人有历久弥新的感觉——女人间的友谊是中号气球，不如男人的那么大，也不如男人的那么空，自然也不会像男人的那样容易破裂。

4. 证明自我的独立存在

一位加拿大女诗人写道："儿子们枝节横生，然而一个女人只延伸为另一个女人，最终我理解了你。通过你的女儿，我的母亲，她的姐妹以及通过我自己。"这也许就是对"手帕交"最好的诠释。社会发展了，时代进步了，结婚生子的女人们越来越重视婚姻以外的种种社会关系，她们越来越敏感于自身的价值，热恋中的年轻女性也注意突破相依为命式的两人胶着状态，因为她们知道这样可能妨碍自我发展。说得再高尚一些，当家庭、孩子、工作差不多要淹没一个女性的全部生命时，寻找精神自我就会成为女性的内在需求。女人在最挫败和失望的时候得到了朋友的帮助，真正的友情不依靠事业、祸福和身份，不依靠经历、方位和处境，它在本性上拒绝归属，拒绝契约，是独立人格之间的互相呼应和确认。它使人独而不孤，互相解读自己存在的意义。

5. 毫无顾忌地显露"八婆"本色

已婚女人"撇夫弃子"在一起所讲的，其实都是想讲给男人听又说不出口，说出口男人也未必用心听的话。在她们心里，男人是至爱，同时也是一个不专心听讲的听众。比如美国电视剧《欲望都市》中的4个女人在全球观众面前谈性、表演性，但只有在无数次成功的性经验与失败的爱体验之后，4个敏感、脆弱、独立的女性坐在一起的时候，我们才能感受到女人作为女人那真实、放松的一面，这时的她们不用担心丝袜剐丝、自己的性诱惑力不够，不用怀疑自己不够完美。在没有男人的宴会中，女人不仅可以暂且摆脱因男人而起的虚荣或嫉妒，而越来越会欣赏同性，同时在自由自在的氛围中，也会有难得的灵感闪现。

6. 女性友谊有助于健康

美国心理学家开瑞·米勒博士在一次调查报告中公布：有87%的已婚女人和95%的单身女人认为同性朋友之间的情谊是生命中最快乐、最满足的部分，为她们带来一种无形的支持力。这种亲密的关系，作为一种预防性措施，一种对于免疫系统的支持，能够降低疾病对女人的威胁，无论是头疼脑热还是心脏疾病或各种严重的身体失调等。也就是说，一个人要保持身体健康，不仅需要锻炼身体和正确的饮食，同时更需要加强对友谊的维护。由于女人和同性之间的沟通更开放、自然，并且能够给予对方同等的回馈，所以这种亲密关系更容易在女人和女人之间产生。

女人的友谊往往比较感性，没有理由。但在现代社会，特别对职业女性而言，仅有感性是不够的。有时候，和朋友的疏远不是因为缺少时间，更重要的是觉得彼此之间没有共同的话题，硬要一起聚聚就像在浪费时间，忙碌起来时就更觉得没有这个必要，当有一天想起来要联系，却发现不知道要说些什么，或者干脆就失去了对方的音讯。其实，对现代职业女性来说，工作上的互相帮助与支持更是友谊牢固的"黏合剂"。不仅在生活上，女性也希望能在工作中得到朋友的意见和支持。于是，现代女性的友谊里便多了些理性的内容，友谊不只是个人生活中的倾诉与交流，也包括了事业上的合作与支持。

女人至少要有一个闺中密友。当男人忙得不可开交、无暇顾及自己的时候，女人就可以向闺中密友毫无顾忌地诉说自己的心事。

第六章

家庭情商：
　　每个和谐的家庭背后，
　　都有一个高情商的女人

情商高的女人懂得婚姻需磨合

当个性不同的男女走进婚姻的殿堂时，需要不断地学着去适应对方。情商高的女人懂得，幸福的婚姻需要磨合，这个相互磨合的过程也就是你适应我、我适应你的过程，就如同急流适应河床。相互适应了，婚姻就如同走入正常河道的水流，一路向前奔腾。反之，则会出现偏差和障碍。

有两粒沙子相爱了。其中一粒对另一粒说："我要磨碎自己，把你包起来，永不分离。"另一粒也这么说。于是两粒沙子便相互摩擦着。终于，两粒沙子都磨碎了自己，尽管它们谁也无法把对方包起来，但磨碎了的两粒沙子已经完全融合在了一起，分不清谁是谁了。男女间的缘分就像这两粒沙子一样，只有相互不断地摩擦，才能最终相互融合，长相厮守。尽管摩擦有时候很痛，但千万别失去信心，不然，生活的"潮水"就会在你们没有融合前把你们冲进大海，永远无法再见面。

几乎每对夫妻的婚姻都会经历一个这样的磨合过程，只不过长短不同罢了。这是因为夫妻作为两个个体，不可能在方方面面达到完全一致、和谐默契。无论是面对具体而又琐碎的现实生活，还是一些观念上的差距，尤其是亲情、爱情、友情、事业、金钱等价值观上的一些差异，都需要经过磨合。

磨合不仅仅是说说那么简单，我们需要做到理解、包容，还有让步。通过理解、包容和让步，夫妻关系才会自在、默契与和谐。这需要夫妻双方都珍惜这段感情，顾及对方的感受才能做到。婚姻初期，这种磨合是自愿而又愉快的。随着婚龄的增长，这种磨合会慢慢地变成委屈与不甘。激情不能充斥婚姻的全程，而磨合却是自始至终。有时候我们以为自己的婚姻过了磨合期，殊不知那些曾经磨光的棱角还有再生的可能，何况婚姻的进程中还会滋生新的荆棘。此时如果放弃继续磨合，那新生的荆棘就会像荒草一样蔓延。也许有些棱角像金刚石一样耐磨，有些刺总能顽固地再生，但我们不要因此而失去勇气，要用一生的包容和理解去成全一份美好的婚姻。

爱之万象，皆始于浪漫，归于平凡。市井人生，柴米夫妻。朴素的真情常常蕴含在平淡的岁月琐事中。"执子之手，与子偕老。"能够在婚姻的征途中披荆斩棘，在磨合中走到终点的女人，就拥有最完美的人生。

如果两个人都不肯改变自己或做出让步，只是一味地指责对方，夫妻间就会磨而不合，摩擦不断，感情就会受到影响，婚姻也容易亮起红灯。

第六章 家庭情商：每个和谐的家庭背后，都有一个高情商的女人

男人不是你的玩具，请抛掉你的掌控欲

对于每件事情，人们都希望能得到自己满意的结果，婚姻中的女人犹是。她们希望男人听从自己，也想借此考察他们爱自己的程度。可是我们应该知道，自由和自尊对于每个男人来讲都是非常重要的，而控制男人的做法会从思想上毁掉男人的自由和自尊，使他们陷入绝望和自我怀疑，婚姻也会因此而蒙上阴影。有些女人认为"控制"男人并没有什么错，因为她们的本意是为对方好。可是，这样的"好心"很可能会换来男人的怒火。

张磊和陈丽是一对情侣。起初，两人整日腻在一起，你侬我侬，羡煞旁人。但这半年，陈丽明显感觉到张磊在刻意躲避自己。无奈，她只能趁某天中午休息的时间，跑到了张磊工作的地方，想要和他谈谈。

看到陈丽，张磊明显一副既无奈又生气的模样，说："怎么？查岗查到公司来了。"听了这话，陈丽有些不解："你说的什么话，我只是认为我们俩最近的状态不对，想要和你沟通一下。"张磊看了看路过的同事："有什么事情不能下班之后再说？"这下，陈丽有些恼火了，她怒气冲冲地说道："我还不是因为担心你啊，你这段时间对我爱答不理、无精打采的，我怕你有什么事情，所以才过来看看。"

张磊看着眼前这个女人，仿似在看一个陌生人，她不是自己认识的那个"陈丽"了。那个陈丽不会乱翻自己的手机；不会在自己和朋友聚会时，连打"催命"电话；不会控制他的资金动向；不会在出差时，能跟随就跟随，不能跟随也必须随时知道自己的行踪……细想和陈丽谈恋爱的这一年多时间里，她的掌控欲越来越强，越来越让他受不了。

眼前的陈丽还在等着他的反应。张磊深吸一口气，说道："陈丽，我们一年多的恋情到此为止吧。我不是你的玩具，无法配合你的掌控欲。"

说完，只留下陈丽一个人在原地发呆。

其实，现实生活中，有些女人和陈丽一样，对男人有着很强的控制欲，她总想通过控制自己的男人来得到心理上的满足。这可能是从小养成的唯我独尊的性格，也可能是内心的不安全感造成的。她们认为自己永远是对的，而忽略了男人也有独立的思想和人生观。高情商女人的想法却恰恰相反。她们不会去控制自己男人的自由，更不会去控制他们的价值观和人生观。她们认为爱一个人就要尊重这个人，男人同样需要自我肯定，而且他们天生渴望自由，反感被人控制。与其和男人斗争下去，不如让男人充分获得自由，让男人享受到幸福，男人才可以给女人带来她所希望的幸福。

男人不是你的玩具，请抛开你的掌控欲。不要过多地干涉男人，男人需要有自己的事业、自己的朋友、自己对事物独立的看法，什么都要依照你的思维去做事，只会毁掉男人，也会毁掉原本幸福的婚姻。

丈夫、孩子不是你的全部，你要学着成为你自己

女人都是有依赖性的，当遇到自己心爱的男人时，当自己被他照顾宠爱的时候，女人通常会觉得自己已经离不开他了，眼里就只有那个男人，甚至忘记了朋友，忘记了父母，更忘记了自己。每次遇到问题总是想到他，自己慢慢变得再也不会动脑筋了。看不到他的时候就什么也做不下去，六神无主。于是女人把自己的一切都交给了那个人，以为从此就再也不会失去，以为他会对自己负责，他会更加珍惜自己，以为她花他的钱天经地义。但这个世界上不确定的因素太多了，谁又能对谁负责呢？你对自己负责了吗？女人也是需要独立的，需要有自己的私人空间和独立生活的，这样才不会迷失自我，也才会得到男人的尊重和持久的爱。在人们的印象中，女人总有一种被关心和被呵护的渴望。渴望男友献殷勤，甚至工作上也希望有男同事助一臂之力。结婚后，女人的依赖性就更大了，她总是认为与自己同眠共枕的这个男人已经成为了她生命中不可缺少的一部分，她再也离不开那山一般坚强的依靠。事无巨细，皆要请示，大到寻找人生价值，小到晚餐吃些什么，她都会犹豫不决，面对一只老鼠或者蟑螂，也会花容失色。渐渐地，女人就失去了独立性，成了男人这棵大树身上的蔓藤。女人无法想象如果没有了这棵大

树，她的生命将如何继续下去。

程璐上大学时爱上了比自己大 3 岁的同班同学孔祥，毕业后就嫁给了他。她非常爱他，对他百依百顺。他说什么，她都随声附和。结婚后，她为了迎合丈夫的兴趣，强迫自己去看一点也不喜欢的足球，对丈夫唯唯诺诺，凡事看他的脸色行事。让她万万没有料到的是，他们结婚才一年，丈夫就有了外遇。她不明白自己错在哪里，她是那么爱他，对他那么好，为什么他还要去喜欢别的女人呢？

人们常说："恩重成仇。"爱得太深就会失去自我，成为他人的影子，而哪个男人喜欢和自己的影子过日子呢？男人都是需要对手的，没有对手，无所刺激，他就会感到乏味无聊。你对他唯唯诺诺，他会觉得你就像应声虫一样，丝毫没有魅力。

依赖心过强的女人，缺乏的就是这种自我意识，事事不独立。女人应该明白，她首先属于自己，然后她的爱才有意义。女人还应该明白，"男人只是她的一根拐杖"，恰如拥有拐杖的意义在于更好地走路一样，男人也不过是"人"字中的一个部分，另一部分还需要女人自己去书写。所以，拐杖之于女人，男人之于女人，只是为了更好地在人生旅途中行走。独立的女人是有个性的，也是值得男人尊重的。

女人应该拥有自己的空间、自己的生活方式，她应该是独立的个体，而不是附属品。有时候物质依赖还是次要的，女人最重要的应该是精神独立。夫妻是一家人，不必你我分得太清，谁去赚钱都是一样的，只是分工不同而已。那些把男人看做是自己全部的女人的错误在于，她们不明白"看重他并不等于要漠视自己"。而再等到孩子呱呱落地后，女人便又一头扎到了孩子身上，将自己的精力与时间毫无私心地分了出去。于是，女人开始不分场合地谈论自己的老公和孩子，似乎除了他们，她就一无所有了。为了孩子，她再也没有用心打扮自己的心情了，有时甚至不梳头、不洗脸；失去了少女的羞怯，不再矜持；失掉了婚前的灵性，变得迟钝与庸俗。有的女人有了孩子之后，拼命地在孩子身上投资，不再像婚前那样时不时给自己添几件新衣，熟视无睹于衰老的到来。不要让孩子成为你失去魅力的借口，而要让孩子成为你青春的再现。

为什么有了孩子就把自己看作无需新衣的老人了呢？孩子并不是你的一切，除了孩子，你还是一个独立的女人。女人有三性：女儿性、妻性、母性。妻性与母性的分寸掌握不好，便会使女人失去自我，也失去男人对她的爱。女人要珍视自己的青春，女人更要学会精神上的独立，不要以为遇到一个非常疼爱自己的男人，就可以轻松度日了。

一个女人如果过分地依赖男人，像蔓藤一样缠绕在他的身上，当有一天男人离开她的时候，没有了参天大树可供攀附，她便不能向上生长，而只能蜷伏于地了。这样的悲哀相信每个女人都不愿承受。女人，不是男人身上的肋骨。女人，不要太动情，不要太脆弱，更不要太依附。女人应该找回属于自己的生活，这样才能活得充实，活得精彩。

就像舒婷的诗中描述的：学会做一个独立的女人，不要成为男人身上的藤，应该成为他近旁的一株木棉，作为树的形象和他站在一起。根，相握在地下；叶，相触在云里。唯有如此，风一吹过，你和他才能互相传达爱意。

高情商的父母让孩子更有出息

每个女人在其一生中的不同时段都担负着不同的社会角色，比如，为人女、为人妻、为人母等。在升级为母亲之后，教育孩子就成了女人义不容辞的责任之一。孩子，既是你与老公爱情的结晶，也是你与老公甜美爱情和幸福婚姻最直接的见证人，更是一个家庭的未来和希望！所以，作为一个担负着养育、教育孩子重要责任的女人，就必须努力成为一个最优秀的、高情商的母亲，以让孩子可以在幸福的家庭中健康、快乐地成长！

1. 给孩子足够的信任和自主

在中国，很多低情商的母亲，往往对孩子什么都不放心，于是在孩子小的时候陪着玩耍、穿衣、吃饭，大一些又接着陪读……孩子在自己的过多干涉下，渐渐形成了习惯，依赖性强，独立性差。但高情商的母亲，往往会给予孩子最充分的信任和自主权，她发现孩子的成长法则，洞悉他们的真正需要，而不是自作主张的判决，她们常给予孩子"最少的指导、最大的耐性和最多的鼓励"，以让孩子自动地产生尝试的喜悦，并坚信孩子能做到。

有一天妈妈在看书时，读到这样一个故事：

81

一个女人将偷来的女婴交给巫师，要求巫师在这个孩子身上施展法术，用最凶残的方法报复深深伤害了她的男人。

不久，巫师告诉女人，他已经使用了最残酷的办法，请那个女人到指定的地方看一看。女人看罢，勃然大怒，因为孩子居然被当地最有钱的富翁收养了！

面对女人的责问，巫师却说："不要着急，等着瞧吧。"

果然，许多年过后，就连这个女人也觉得过分了。原来，这个女孩在极其富有的环境中成长，并没有学会独立生活的本领和坚韧的意志。后来，收养她的家庭遭遇变故而破产，女孩突然脱离锦衣玉食的环境，根本没有面对挫折的能力，她软弱无能，生不如死，在徒然挣扎了一段时间后，终于绝望而疯狂地在铁路上卧轨自杀了。

正当妈妈为这个故事沉思时，四岁的女儿过来告诉妈妈，她要一个人到朋友家去玩。妈妈本来要阻止，却想到这个故事，于是她放缓脚步，尾随孩子出门，决定观察孩子掌握了多少保护自己的本领。

妈妈发现，女儿并没有像自己想象的那样柔弱胆小，她已经能够在确认安全之后穿越马路。从此以后，妈妈便开始了"独自旅行"教育，在女儿一年级的时候，就告诉她"有想去的地方都可以去，只是问路时，找穿警服的人最安全"，还鼓励女儿"回来时，要走与去时不同的路"。

女儿经过这些教育，15 岁时就能自己买车票、订饭店，独自一人出去旅行了。

做出自己的决定，并按自己的决定去做，这是孩子最引以为豪的事情。更重要的是，父母们并没有横加干涉，他们相信自己的孩子（特别在孩子不自信的时候）！还有一点让孩子觉得安全：让他们知道父母并没有走远，而是在背后默默地保护着他们，并一定会在真正必要的时候出现。

2. 做孩子骄傲的榜样

大多数女人在婚后最大的变化就是爱唠叨，不仅唠叨老公，也会唠叨孩子，如果你想要自己的孩子不这样，那么首先自己就要以身作则。妈妈是孩子的第一任老师，孩子也与妈妈有与生俱来的亲切感，如果一位妈妈在吃雪糕的时候，随手把雪糕纸扔到路边，那么她的孩子一定不会把雪糕纸放进垃圾桶里。所以，与其在孩子耳边喋喋不休，不如用自己的行为去影响孩子。

一般来讲，男孩和女孩的教育方式也是不同的，如果是男孩，做父亲的就要承担起"男性榜样"的任务；如果是女孩，则母亲就是最好的榜样。女孩是天生的模仿专家，而大多数的女孩都会把母亲作为模仿的对象。如果母亲自信、果断，她的女儿也往往会有同样的品质；如果母亲脾气暴躁、性格恶劣，女儿的脾气可能也好不到哪儿去。事实上，不管母亲是女孩的良师益友，还是让人讨厌的阴影，母亲的影响都将贯穿女孩的一生。

所以，请尽力做一个优秀的、高情商的母亲，要知道，你若能成为让女儿引以为傲的母亲，她终究有一天也会让自己成为你引以为豪的女儿！

3. 不对孩子期望过高

给予孩子适当的期望值，可以成为孩子不断进步的动力，促进其成才。但若不根据孩子的年龄特点、智力水平等，盲目地给予孩子过高的期望，使得孩子虽经努力却仍然达不到要求，就会使孩子丧失信心；而父母不切实际的期望也会变成巨大的失望，进而形成恶性循环，影响与孩子的感情。

逼子成龙，龙就会变成虫。正如法国诗人海涅所言："即使种下的是龙种，收获的也可能是跳蚤。"有的父母可能会说，其实我们觉得孩子已经很优秀了，但是又怕他因为自满而懈怠，所以才对他提出更高的要求。殊不知，这样步步紧逼，重重施压，一旦孩子不能做到，很容易就导致他对自己甚至是对生活失去信心。父母应该明白，我们最看重的应该是自己的孩子，而并非他们所取得的成绩。

4. 孩子也需要你的尊重

作为母亲，即使是自己的孩子，即使是很小的孩子，也应当学会保护孩子的自尊心，给予其平等的尊重，只有这样，才能使得孩子懂得尊重别人，才能获得和谐良好的母子关系。

比如，在对于孩子自己的问题上，多用一些商量的口吻，少用一些命令性的词句；对孩子为你做的事，一定要表示谢谢，这样，孩子就会感觉你很尊重他，心情会很愉快，而且也很愿意听家长的话；对于孩子做的事情多一些委婉和引导，少一些指责和训斥；不窥探孩子的隐私，做孩子的好朋友；等等。

所以，作为母亲，要试着将孩子当成一个独立的人来进行沟通和对话，尊重孩子的决定和做法。唯有在这样的环境下长大的孩子，才会形成良好的个性和优良的品质。

掌握相处艺术，搞好婆媳关系

　　婆媳本来是两个毫无关联、没有任何交集的女人，却又因为同一个男人而紧密联系着：一个女人看着男人慢慢长大，从自己的怀抱投入另一个女人的怀抱，于心不甘，这个女人便是婆婆；另一个女人看着男人渐渐成熟，决定在一起共度余生，如果因为婆婆而冷落了自己，于心有怨，这个女人便是媳妇——有人说婆媳是天然的"情敌"，她们虽然都深爱着同一个男人，却又因为生怕这个男人与对方过于亲密而疏远了自己，因此，从男人娶了媳妇之后婆媳关系就开始对立了。

　　所以，婆媳关系从来都是家庭内部人际关系中最微妙、最难处的一种关系，如果相处得好，不但有利于夫妻感情的和谐稳定，而且也有利于家庭成员的团结和睦。

　　刘静和婆婆相处的机会不多，按理说不会存在什么矛盾。然而，有一段时间，她们之间开始了明争暗斗，她们的关系就像绷紧的弦随时都有可能断裂。原因就是她和婆婆争老公。婆婆认为，儿子是她养大的，天经地义归她管。有一次，刘静低声求老公帮她做一点小事，哪知婆婆的耳朵比谁都尖，立刻阴沉着脸把她的儿子唤过去，吩咐他去做另一件事，屋里顿时硝烟弥漫，于是，她第一次和婆婆较起了劲。

吵完了架，怄完了气，刘静忽然想开了。一年到头，自己又有几天待在婆家呢？与其制造硝烟倒不如顺水推舟，暂且把老公让她几天，既换来了婆婆的高兴，自己也落个清闲自在。于是一回婆家，她便乖乖地让出"老公"，自己的事尽量自己解决，不再找老公帮忙。当然，回到自己的小窝，老公就又属于自己了，还得乖乖听自己调遣。

让人意想不到的是，自从刘静采取了这个措施之后，事情竟然发生了变化。有一次，她实在需要老公帮自己一下忙，但她没有直接找老公，而是跑去"请示"婆婆："妈，您要他帮我抬一下桌子。"婆婆说："这点小事，你自己叫一下不就得了。"刘静故意一脸委屈地说："可他只听您的话，我哪儿叫得动啊！"好一个婆婆，立刻叫来她的儿子，训斥道："今后你可要听你媳妇的话，你要敢不听，小心我收拾你！"刘静心中满心欢喜，她与婆婆之间的斗争终于变成了和谐的相处，她的婆婆甚至开始在邻居面前夸奖自己有个好儿媳呢。

故事中的刘静无疑是个情商高的女人，她用一点小小的"伎俩"，不仅赢得了婆婆的认可、家庭的和睦，也换来了老公更多的柔情蜜意。

虽然现在绝大多数的小家庭已分立门户，不和婆婆住在一起，但也免不了要和婆婆直接接触。"婆媳经"虽然比较难念，但只要掌握一定的原则和技巧，搞好婆媳关系就不再会是一个难题。

1. 和婆婆站在同一阵营

通常来讲，婆婆很容易把儿媳妇看成是"编外人员"而心生隔膜，所以，为了使婆婆早日接纳你，你必须要"更高、更快、更强"地灌输给婆婆一些"迷魂汤"，全方位地使她感受到你甚至比她亲儿子还要向着她、爱着她。

当然，这需要一些高智商、高情商和大胸襟，并坚决做到任何无伤大雅的问题都是婆婆有理，由此，自会营造出一种亲近、融洽的气氛，使婆婆感觉到你就是她阵营中的一员。

2. 对婆婆巧妙地表示关心

在日常生活中，要学会巧妙地表达你对婆婆的爱意与尊敬。比如，在节假日或她生日的时候，适当地赠送礼物给她，不管是吃的、穿的还是用的，也不管礼物是否贵重，最重要的是，一定要让婆婆感受到你对她真心的关怀和体贴，久而久之，婆婆自然就会对你转变态度和看法，并尽可能地帮助你，甚至还有可能和你成为好朋友。

3. 在婆婆面前适当示弱服软

在旧社会里，"多年的媳妇熬成婆"，儿媳妇总是受尽了婆婆的欺负。但现在不同了，你又年轻又独立，她那宝贝儿子好不容易把你追到手，你在他心目中的地位可是如日中天；相比起来，婆婆正好相反，所以她才会把你视作"竞争者"，潜意识里会对抗你的"入侵"。而这些，正是她心虚、敏感的表现，因此，她才会和你斤斤计较，不肯示弱。

此时，你不妨适当理解、照顾一下婆婆的心理和情绪，在遇到一些明明是婆婆做得不好、不对的事情时，也尽可能大度一下，表现出自己已经认输服软的态度，等到婆婆心气顺了，想必她也不会真的和你没完没了。

4. 不在婆婆面前过于展现老公对自己的疼爱

尤其是和婆婆住同一屋檐下的时候，作为儿媳妇，你应尽量先让老公去与婆婆小坐一会儿，并告诉其当着婆婆的面不要过于疼爱自己。比如，不要当着婆婆的面做过于亲昵的动作，以免婆婆尴尬；当老公出差时，提醒他给婆婆买个礼物，当然，给自己的礼物也最好别让婆婆知道……总之，要让婆婆知道你的老公在结婚后依然很尊重她这个母亲，

第六章 家庭情商：每个和谐的家庭背后，都有一个高情商的女人

并没有因为娶了媳妇而把她抛在脑后。

5. 不在婆婆面前和老公争权夺钱

作为婆婆，自然是希望自己的儿子能当家、能做主，而不是儿媳妇处处约束、管制着自己的儿子，所以，作为一个高情商的女人，即便你是家里钱、权的实际操控者，但在婆婆面前也一定要做出是你的老公、她的儿子在支配一切的表现，否则，就有可能导致婆婆因不满你对她儿子的所作所为而故意找茬，与你处处作对。

6. 不在婆婆面前随意支使、批评老公

当着婆婆的面，你或者支使老公给你倒茶、削苹果，或者责备老公在工作中不知上进，或者善意地奚落老公笨拙，再或者严格地控制老公的零用开支……在你看来，这是你们夫妻俩之间的事情，是周瑜打黄盖，一个愿打一个愿挨；而在婆婆看来这却是很严重的事情，甚至还可能让她"龙颜大怒"，因为她是过来人，她认可的儿媳形象应该是温柔、顺从的，而不是颐指气使的，还因为她作为母亲，永远都认为自己的儿

子是最优秀的——所以，在婆婆面前最好不要随意支使老公，更不要随意批评老公。

7. 不要和婆婆激烈争吵

住在同一屋檐下，总免不了要产生一些小矛盾，有时婆媳之间也难免会争吵几句，这时，作为儿媳的你一定要注意分寸，避免失去理智，大吵大闹，否则，一旦惊动邻居，就容易授人话柄。此外，在争吵之后，也尽量不要为了一时的心理平衡而求助外人的评判，因为外人可能会将你的"家丑"继续传播或者给你一些错误的建议，这样不但不能解决问题，反而还会使婆婆心中积怨更深。"清官难断家务事"，也说明婆媳矛盾的消除还在于自我调适和内部处理。

8. 懂得换位思考

每代人都有每代人的观点和想法，有时婆婆认为对的事情，儿媳妇却未必也同样认为，因此，婆婆和儿媳妇产生分歧也是很正常的事，所以，作为一个高情商的女人，要能够常站在婆婆的立场思考问题，要能够懂得如何化解婆媳之间的纷争和矛盾，这样才能和婆婆进行有效的沟通交流，才能和婆婆和谐共处、关系融洽。

中篇
财商

——女人活得自信、漂亮的基石

能给女人一生幸福生活提供物质保障的是财富，而财富又来源于女人个人创造财富的能力，这个能力就是财商。财商是一个强大的创富力量，财商可以让你的财富从无到有，从小到大，从大到强。即使学历低、出身贫，只要有很高的财商，通过一段时间的努力奋斗，你将成为富有的女人。

第七章

加强理念：
  破译财商密码，
  掌握理财技能

女人比男人更具理财优势

　　为什么那么多满腹才华的女人却口袋空空，而有些女人学历不高却积累起亿万家产，成为令人艳羡的女强者？到底是金钱领导才能，还是才能统治金钱？其实，学问不等于智慧，理财需要的是智慧，而这种智慧就是我们常说的"财商"（FQ）。

　　人最宝贵的资源是什么？不是强壮的身体，也不是银行里有限的存款，而是大脑，也就是我们所说的思想。以前总说思想是一笔宝贵的精神财富，其实在我们这个从"资本"到"知本"的时代，思想不仅是精神财富，还可以转化为有形的物质财富，很多时候它是可以标价出售的。

　　因为，一个开拓的思想可以催生一个产业，也可以让一种经营活动刮起前所未有的风暴。穷人之所以穷，是因为他不懂得理财。富翁之所以致富，是因为他懂得利用手中有限的金钱为自己赚钱。一般人在智力和体力上的差异并不大，且同样一件事不同的人做，为什么做出的效果和质量往往大相径庭？就好像运动选手参加同一项目，有人摘得金牌，有人却没有获得名次。一般旁人分析富人之所以能够致富，是认为他们比别人加倍地努力工作，或者更加勤俭节约；当然也不乏一些人认为他们仅凭运气好，甚至是从事不正当的行业。但令人万万没有想到的是，真正的原因在于富人与一般人的理财习惯不同。

投资致富的先决条件是将资产投资于回报率高的理财标准上，比如股票、基金或房地产。有的人赚很高的薪水，但这并不意味着他的财商高，只是他的工作能力强。有的人在理财过程中，敢于冒险，可能会有很大的斩获，例如买入100万元的房子110万元卖出，即可赚10万元，但这也不能算是财商高，只是他的投机能力强加上偶尔运气好。但是比如花10万元买了套房子，拿来出租，租金就是稳定的收益，而收益越高，就意味着你的理财能力越强。贫穷者理财，缺的不仅仅是金钱，而是行动的勇气、思想的智慧与财商的动机。

《思想致富》中说："上天赐予我们每个人两样伟大的礼物——思想和时间。"如果把钱毫无计划、不加节制地花掉，那么你满足了一时的欲望，得到了贫穷；如果你多花点心思，把钱投资在可长期回报的项目上，恭喜你能做到积累财富；如果你有更宏伟的目标，把钱投资于你的头脑，学习如何获取资产，那么财富将装点你的未来并陪伴你终生。决定你贫穷还是富有的，正是你装着经营知识、理财性格与资本思想的大脑。

一个有魅力的女人应该是聪明的、睿智的、大胆的、活泼的，一个有"财"的女人更能表现女性的魅力，更容易得到男性的青睐。女人在理财上更具有优势。

但在现实生活中，很多女人认为，理财是有钱人的事情，所以手中只有几万元钱并不值得理会。其实，理财并不仅仅是一个金钱上的概念——不是谁赚钱越多谁就越会理财。它是一个全面的概念，从家庭的柴米油盐酱醋茶，到婚丧嫁娶；从孩子的教育，到父母的养老费安排；

从家庭的重大投资，到家庭的安全保障等。让有限的钱财发挥出最大的效用才是理财的真谛。男人也许会成为家庭经济的有力来源，但女人在理财上更具有优势。常言道，女人能顶半边天。

其实，在家庭理财实践活动中，无论从人数规模还是从影响力看，女性担当的角色都超过了"半边天"。在"男主外，女主内"的传统家庭模式下，女性因细心、耐心等先天优势而扮演着"家庭首席财务官"的角色。

1. 女人的多重角色，使得她们在理财上更注重细水长流

在家里，女人往往担负着采购员、出纳员、炊事员等多重角色。出于对家庭的责任感和日常生活中扮演的角色，她们深知日常花销如流水，平时不起眼的花销累计起来也是一个不小的数目。只有细水长流，才不至于到月底用钱的时候捉襟见肘。这种认识使得她们在理财的时候注重平常的储蓄积累，真正是 100 块钱不嫌少，1000 块钱不嫌多。

2. 女人天生的细腻心思，更能兼顾理财的方方面面

俗话说：吃不穷，穿不穷，算计不到要受穷。女人天生的细腻心思更能全面兼顾理财的方方面面，比如在照顾家人的饮食上，女人比男人更加游刃有余；过年过节，妻子会备下给双方父母的礼物；在留出孩子的教育经费、家庭生活费、养老备用金、意外事件备用金后，在预算有剩余的情况下，细心的主妇们还会为家人安排文化活动，如旅游、听音乐会、看电影等。

3. 女人做事谨慎，投资稳健

女人比男人做事更谨慎、更稳健；女人比男人更善于倾听，更能虚心接受理财专家的意见，而不会一意孤行；女人大都有稳中求胜的心理，对于冒险的事情，持有比男性要保守得多的态度，尤其是不那么富

裕的家庭主妇。在投资理财方面，女人懂得量入为出。对于高风险的投资，即便收益再高，如果没有把握，她们也不会轻易进入。

4. 女人韧劲十足，"金融风暴"压不垮

女人比男人更有张力和韧劲，这同时也是理财必备的素质之一。在生活中，许多家庭大的经济项目的支出，比如买大型电器等，男人往往会非常自信地做出决定。但是，当一个家庭面临"金融风暴"的冲击时，男人未必就会果决、坚定，有时甚至会崩溃、放弃、逃避。这时，智慧、勇敢的女人往往会义无反顾地支撑起这个家。基于女人的上述特性，与其说女人是物质的，倒不如换个角度说，女人更适合理财。

女人是天生的理财能手，有七成的女性是家庭存折、信用卡、票据的"保管员"。这样的特殊身份决定了女性必须具有一定的财商，才能把家庭资产打理得井井有条。

第七章 加强理念：破译财商密码，掌握理财技能

那些不可不知的理财通用原则

"你不理财，财不理你"。现代女人的家庭经济负担越来越重，除了基本的奉养长辈，生育、养育、教育子女，购车、置屋外，还要享受努力工作带来的回报，如去做个美容、买套漂亮的服装、全家一起出去旅游等。因此，做好理财，储备必要的经济能力，将是你必修的理财课题。许多女人用体力赚钱，部分女人用技术赚钱，用知识赚钱的女人很多，但极少女人是用财商赚钱的。

在财富时代，有智慧又善于理财的女人凤毛麟角。其实，只要我们开动脑筋，发挥智慧，就可以把握机会，成为财富的主人。那些财商高的女人，即使你让她变得身无分文，她很快还能积累起财富，因为她失去了资金，失去厂房，但她还有赚钱的智慧。洛克菲勒曾放言："如果把我所有的财产都抢走，并将我扔到沙漠上，只要有一支驼队经过，我很快就会富起来。"当然，在一些大的方面，理财还是有一些通用的原则可供大家借鉴的。

以下便是几条你不可不知的理财通用原则：

1. 量入为出

量入为出是一种比较稳定的理财方式，是我国古代哲人对当家理财的精髓总结，对于当代女人仍具有重要的现实意义。法国古典经济学家西斯蒙弟也曾说过："不论穷人或富人，都不应使自己的开支超过实际收入。"量入为出，量的不仅是你手里有多少钱，还要量一量自己过得起什么样的生活，想要什么样的生活，不必为了根本享用不起的香车宝马去算计兜里那可怜巴巴的几张钞票。除了必要的生活开销外，每月必须有存款，做到略有结余，积蓄才能稳定增长。

2. 不要把鸡蛋放在一个篮子里

把所有的鸡蛋都放在一个篮子里，当篮子失手掉在地上的时候，所有的鸡蛋都遭了殃——所以，西方理财界得出结论：不要把鸡蛋都放在同一个篮子里。也就是说，投资组合应多样化，不要把所有的资金都投在同一种投资方式上。现在市场上的理财品种可谓琳琅满目，有结构性存款、股票、基金、房地产、债券、外汇、黄金等，每个品种的期限长短、风险高低、收益多少都各不相同，女性朋友要根据自己的情况和风险承受能力，选择不同投资渠道来平衡投资风险。

3. 处理好信用卡透支问题

一些女人常常会在手头紧的时候透支信用卡，而且往往又不能及时还清透支，结果是月复一月地付利息，导致负债成本过高，这是最愚蠢的做法。

4. 制订应急计划

你应该在银行里存上一笔钱，这笔钱不但可以用来支付日常所需的小额预算外开支，还可用来应付诸如看病等所需的大笔费用。专家指出，在这个应急计划里，最重要的不是现金本身，而是要有能及时变现的途径。因为只有及时变现，这些钱才能起到应急的作用。

5. 趁早打点"养老钱"

年轻的时候，每年都应确保你个人的退休金账户有充足的资金来源。对大多数人来说，退休金账户是最好的储蓄项目，因为它不但享受优惠税收，并且公司也有义务向你的账户投入资金。当然，退休后，你的退休金账户不再有新资金注入。不过，你可以通过延期提款间接地享受额外收益。

6. 顾及家人，扶老携幼

如果家里还有经济上不能自立的家庭成员需要你提供经济支持，你应该为他们做一个计划，以免在你出意外时他们无法正常生活。比如你可制订一套应急措施，为孩子接受大学教育提供保障。

7. 做好财产的组织计划

也许你对自己的财产状况一清二楚，但你的配偶及孩子是否也很清楚？除了遗嘱和其他一些有关财产的文件外，你应尽可能使你的财产的组织计划完备清楚。这样，一旦你过世或是丧失行为能力，家人才知道如何处置你的资产。

不同的女人，其投资预期、财富多少和承受风险的能力肯定是不同的，所以每个女人的投资理财策略也不尽相同。

理财除了要有技巧，更要有态度

每到月末钱光光、心慌慌的场面经常上演，奋斗数年积蓄微薄的情况已使人麻木——看着这一片"满目疮痍"，到底应当如何是好？记住索罗斯的名言："理财永远是一种思维方法，而不是简单的技巧。"我们首先需要掌握的仅仅是一种态度而已。很多女人明明已制订了完善的理财计划，拿到薪水后却照旧是"月月光"。原因何在？还是先检测一下你的理财态度吧，理财能否见成显效，与你的态度有很大关系：

1. 制订理财计划

要从实际出发制订理财计划，尤其要从自己的实际出发，确定理财目标，选择适合自己的理财产品。具体来说，首先要留出日常生活开支的预算；其次，应该给予自己和家庭足够的保障；最后才是各类投资的规划。要注意的是，当理财计划制订之后，除了要按计划实施外，还要定期对计划进行修正，特别是当经济情况发生变动时，比如结婚、生子、工作变动等。女人要兼顾家庭和事业，而投资理财又需要时时关注，各方面的限制使得很多女人觉得理财很深奥，没有精力去应付。其实你完全可以通过专业人士，特别是独立的理财顾问来理财。专业人士会根据你的实际情况提供理财建议，帮你制订理财规划，并定期提出修正建议，这样你就能轻松理财了。

2. 让信誉好的基金公司帮你做投资决策

对于要兼顾工作和理财的女性来说，在经济平稳增长的情况下，最好的投资方式是购买证券投资基金。一般来说，股市投资风险较大，而且很多女性很难有时间和精力管理自己投资的股票。而投资基金却不存在这个问题，因为支撑基金业绩的是优秀的基金经理、强大的投资团队以及有效的投资模型，让信誉良好的基金公司帮你做投资决策绝对是省心省力的投资途径。

3. 婚前婚后理财方式应有所侧重

人生的不同阶段，理财的重点应有所不同。女人结婚前没有太大的家庭负担，精力旺盛，主要是为未来积累资金，所以，婚前理财应侧重于财富的快速积累。有人说，女人 30 岁之前唯一的理财目的就是积累资金，虽然比较偏激，却道出了婚前理财的实质。婚前你可以考虑选择风险较高的投资品种，比如证券投资基金和股票；婚后，应从稳健的角度出发，选择适合的保险以转移风险，投资主要以有长期稳定收益的方式为主，比如不动产。

4. 投资艺术品显能耐

时下，民间艺术品的收藏十分火爆，且当今从事艺术品收藏的，绝大部分是一种投资行为。近年来，艺术品投资的利润空间也确实很大，而且未来的艺术品收藏市场会更完善。艺术品的利润空间全靠个人对艺术品的品位和对市场的预期来把握。如果你手头余钱较多，不妨投资字画、古玩等艺术品，一则不会有大风险，二则从长远来看，升值空间较大。投资艺术品，关键要"练眼"。明面上摆放的一般是普通藏品，贵重藏品均珍藏在深屋，不会轻易拿出示人。所以，投资艺术品水阔水深皆似海一般，就看你的能耐如何。

　　你是收入充裕，却不知道如何合理安排的"财盲"吗？理财专家为你制订了理财五步走计划：认识自我、确立目标、拟定策略、执行计划、分析总结。

记账拨响女人财商的金算盘

人的欲望是无穷的，但是你口袋里的钱是有限的。从这个意义上说，理财的关键就是如何取舍，而记账则能使你了解自己的财务状况，帮你解决这个难题。逐笔记录自己的每一笔收入和支出，并在每个月底做一次汇总，久而久之，你就对自己的财务状况了如指掌了。随着物质财富的不断积累，很多人都认识到理财规划的重要性，但很多人又都在为如何做好理财规划而犯愁。如果真的不知道该怎么办？那就从记账开始吧！其实，理财不外乎了解收支状况、编列预算、设定财务目标、拟定策略、执行预算、分析成果这6大步骤。至于要如何预估收入、掌握支出，进而有所改进，这有赖于平日的财务记录，简单地说就是要学会记账。这样，女人才能轻松拨响理财的金算盘。

一提到记账，很多人就会联想到令人头痛的财务报表。其实我们所说的记账只不过是记流水账，只是为了清楚记录钱的来龙去脉。毕竟每个人口袋里的钱是有限的，而生活中每一方面的需要都要适当满足。较科学的记账方式，除了需忠实记录每一笔消费外，更要记录采取何种付款方式，如刷卡、付现金或是借贷等。平日养成记账习惯，可清楚得知每一项目花费的多寡。只要肯花时间，坚持每天记账，把自己的财务状况数字化、表格化，不仅可轻松掌握财务状况，更可规划好未来。

如果说记账是理财的第一步，那么集中凭证单据则是记账的首要工作，平常消费应养成索要发票的习惯。在索要的发票上清楚记下消费时间、金额、品名等项目，没有标志品名的单据最好马上加注。此外，银行扣缴单据、捐款、借贷收据、刷卡签单及存、提款单据等，都要一一保存，将其按消费性质分成衣、食、住、行、育、乐六大类，每一项目按日期顺序排列，最好放在固定的地方，以方便日后统计。掌握收支状况是达成理财目标的基础。

如何了解自己的财务状况呢？每个月的月底要对自己记录的每一笔收入和支出做一次汇总，这样就能做到对自己的财务状况了如指掌了。另外，消费之后不要忘记索要发票。索要发票一来可以更好地保护自己的权益，做真正的纳税人，二来可以在记账时逐笔核对。当发生大额交易，而又没有及时拿到发票时，请及时在备忘录中做记录，以防时间长了会遗忘。记账只是起步，是为了更好地做好预算。由于家庭收入基本固定，因此家庭预算主要就是做好支出预算。支出预算又分为可控制预算和不可控制预算，诸如

房租、公用事业费用、房贷利息等都是不可控制预算，而每月的家用、交际、交通等费用则是可控的，要对这些支出好好筹划。合理、合算地花钱，使每月可用于投资的节余稳定在同一水平，这样才能更快捷、高效地实现理财目标。

记账有助于你对自己的支出做出分析，了解哪些支出是必需的，哪些支出是可有可无的，从而更合理地安排支出。如果"月光族"能学会记账，相信每月月底也就不会再度日如年了。

女人的理财观念要随着年龄变

　　25 岁以前是一个理"才"重于理"财"的时期；25 ～ 30 岁的年轻女性主要处在财富的积累期；女人过了 30 岁，往往就开始追求稳定的生活，理财需求的重点倾向于购置房屋或准备子女的教养经费；步入老年时，女人可以继续发挥余热，以事业、爱好为主，安度心理空巢期，同时享受年轻时合理理财带来的累累硕果。

　　在当今的社会环境下，对于处在不同年龄层次以及不同人生发展阶段的女性，如何与时俱进，重现自己"首席财务官"的风采呢？

　　25 岁以前，这个阶段投资自己比自己投资更重要。经常听到有很多年轻的女性振振有词地说，钱是赚出来的，不是省出来的。这话固然有理，然而要能赚到更多的钱，首先需要有赚钱的本领。对于理财，这个年龄段的女性要么没有概念甚至排斥，要么有父母协助打点，指望她们看紧自己的钱包一般比较困难。但她们可以在花钱的方面多些算计，消费的时候尽可能地使用最少的钱来实现自己最大的愿望。现实生活的教育是理财成长道路上一个必不可少的环节。

　　25 ～ 30 岁的年轻女性主要处在财富的积累期，在理财上应采取比较积极的态度，好好冲锋陷阵一番。努力充实自己所需的资本，也为步入家庭做好准备。理财计划是越早制订越省力，同时对风险的承受度也越高。对于不同形式的理财工具应多方了解，此时可学到的经验最宝贵。失败了不要紧，年轻就是本钱，大不了一切从头来。

女人过了 30 岁，开始追求稳定的生活，于是，理财需求的重点倾向于购置房屋或准备子女的教养经费。但是，这一时期正是现代女性们生活上变动概率最大的阶段，比如离婚。所以，理财心态应保守、冷静，尤其应设定预算系统，以安全及防护为主。应该先存够保障安全的资金，然后再考虑风险性大的投资，如购买股票、基金等。中年女性生活模式大致稳定，收入也较高。在前些年的准备里，子女的教养费用应有着落。但同时，这一阶段又是女性的生理转折期，身体比较容易出毛病。现在，应开始审视自己未来退休生活筹措的资金是否足够。想清楚自己在退休后期望什么样的生活水准与生活计划，所安排的相关医疗保险是否合适。在此阶段投资心态应更为谨慎，建议逐步加重固定收益型工具的比重，但仍可用定期、定额方式参与股市投资。定期检视投资成果是一定要做的功课，因为能让你重新来过的机会已经没有了。

当步入老年时，女性面临一个心理上的空巢期。工作忙碌了一辈子，真的要一下子停下来，可能会不适应。一些思想比较传统的女性可能还想给子女多留一点遗产，这时不妨自主立业或从事一些社会工作，继续发挥余热。

女性在不同人生阶段的财务需求会不一样，所以在理财上要避免盲从。首先，要辨认自己身处在哪个人生阶段，有哪些需求，千万别忽略了越早计划越有利的时间复利效果。保持投资的敏感度，定时检视投资组合，避免孤注一掷的理财模式。只要相信自己的能力，立志理财必能成功！

第八章

省钱有道：
　　精打细算，
　　让"财"尽其用

打造节省而精致的生活

与开源相比，节流容易得多。把日常开销节约10%，生活其实没有任何改变。你无须失去与家人朋友相处的时间，也无须把自己的目标放低，恰恰相反，省钱其实是希望你把对生活的要求再提高一点。一旦做到了这一点，你就会发现：节俭，其实是件快乐的事情。以下几点就告诉你，如何让你在银行存款节节高的情况下活得有滋有味、有模有样：

1. 家居

买全套的北欧家具是没必要的，细节之处才能看出一个人的品位。平时多看看生活类的电视节目，相信自己有一双巧手，变废为宝指日可待。有时候好看、好用的东西并不适合你，如捣蒜器、打蛋器等。这些西式厨房里必备的家居用品虽然好用也不贵，但在中国并不特别适用，因为中西方的饮食习惯不同。西方人经常在家做面包、蛋糕和饼干，所以打蛋器非常实用，但中国人连蛋饼都很少煎，用筷子就足够了。

2. 适时调节空调温度

千万不要小看空调，如果夏天的时候你能将温度调高一度，冬天的时候调低一度，每年也可省下一笔不小的电费支出。留心一下家中其他的电器，如电热水器、饮水机不用整天开着。记得出门前要关上所有的灯，如果深夜回家开门的时候会害怕，就把所有的灯都换成节能灯泡。如果有可能，所有的家电都买节电型的。将家里的宽带网络由包月改为计时，这样起码有两大好处——省电：你不用为了赚回包月的钱整夜开着电脑下载东西；不浪费时间：不整晚坐在电脑前，你就有很多时间用来干别的事情，哪怕是睡觉，这是最经济、实惠的美容方法。

3. 购物

绝对不要在饥饿、愤怒、月经前期去逛街，因为这时候的你很容易冲动消费。情绪不好的时候，发泄有很多种方法，或者说有很多种花很少钱就能达到效果的方法，刷爆信用卡只会让你在痛苦之余又添焦虑。很多人都喜欢在商场打折的时候去疯狂购物，可是在这样的时刻，理智比鼓鼓囊囊的钱包更被我们所需要。在去商场之前要仔细想清楚自己到底需要什么。一双原价 800 元的长筒靴现在只卖 400 元，很诱人对不对？先想想你的衣柜里到底有没有衣服可用来搭配它，如果没有，连试都别试，因为导购小姐的口才和买到廉价品的快感不值 400 块钱。密切关注你喜欢但当时买不起的服饰，减价的时候立马拿下。不买反季节水果，但可以买反季节衣服。

购物的时候充分利用信用卡，因为很多信用卡在很多专柜都有打折优惠，但不要相信"免息分期付款"。可以免费办理各种商场、超市的会员卡时，办一张没坏处。积分卡也挺不错，记得随身携带。对待赠品的原则是，给就要。买东西时一定要多问一句："有礼品吗？"不要不好意思，有时候售货员一忙就忘了，或者想自己留下。

对于手机之类的数码产品，不盲目追求高端、新潮，功能够用永远是不二的法则。数码产品更新换代快，价格跳水也很厉害，越放越贬

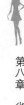

值。高端产品利润空间大，跳水空间也大。想过你每个月在购买各种杂志上要花多少钱吗？那些又厚又重的杂志也许只是送了你一个没用的小化妆包，但你抽屉里不是还留着十几个没用的小包吗？既然你的朋友或同事也会买，为什么不借来看呢？而且，不看又有什么关系呢？别担心自己跟不上时尚的脚步，家有网络，万事不愁。别轻易尝试在网上买衣服，得不偿失。

如果你执意如此，建议你在网上买那些现实中你真的试过的、知道大小号码与质地的，并且价格比商场便宜的东西。别相信照片。不过，可以在网上买一两件你认可品牌的小饰品。医生开的非处方药，不妨直接去药店购买，因为医院的药一般都比药店贵。另外，不少大城市的大药房都开始推出会员卡，会员价比非会员价便宜 10% ～ 30% 不等，这比起医院的药更是便宜不少。

4. 交际娱乐

交朋友要谨慎，你的交际圈在很大程度上影响着你的消费。多交些有良好消费习惯的朋友，不要只交那些以胡乱消费为时尚，以追逐名牌为面子的朋友。不顾自己的实际消费能力而盲目攀比只会导致"财政赤字"。很多时候需要送礼，想过自己制作礼物吗？比如亲手烤制的曲奇饼，用保鲜膜包好放在纸盒子里，用缎带打上蝴蝶结。家里有没有别人送的未启用的礼物？如果不是有特别意义的，完全可以把它当作礼物再送出去——只要别送给原来的主人。在必须要送贵重礼物的时候，比如好友或同事结婚、生孩子，可以找几个人和你一起送，大家分摊礼物的费用。愉快地接受朋友送给你的她们穿过或买回来觉得不合适的衣服。如果需要请客，尽量请朋友到家里来吃饭，既显得热情，又节省开支。如果时间允许，不妨在淡季旅游。风景依然不错，但价钱却比长假期间便宜至少 20%。充分利用娱乐场所的打折时段，如在非周末时段的夜里去 KTV 唱歌。

5. 美容

减少美容次数。如果你刚满 25 岁或者皮肤比较薄，不要轻信美容师所谓每周一次皮肤护理效果会更好的理论。根据自己的皮肤状况，适当将护理次数由一个月 4 次减少至 3 次甚至 2 次。这样不仅对皮肤更好，每月还可省下 200 ～ 400 元。知道什么是最好的护肤品吗？自己煲的汤和自己做的面膜，还有充足的睡眠。与其买塑身内衣，不如拿这笔钱去报一个健身课程。小时候有过什么梦想吗？比如当个画家，那现在就参加学习班吧。你还可以去学一门语言，或者学雕塑……这会让你增添知性的魅力，而且没有时间去乱花钱。别吃零食，也许口香糖是必需的，但薯片就算了吧，200 克薯片的热量你需逛街 5 个小时才能消耗掉；那些包装得花花绿绿的美味，实际上是减肥者的天敌和健康的绊脚石，而且，减肥药也是很贵的。

节俭不是抠门儿，节俭也可以活得有面子。既节俭又体面、精致地生活，需要的只是一些小小的技巧。把钱花在最需要的事情上，而不要浪费在没用的地方。

第八章　省钱有道：精打细算，让＝财＝尽其用

有些花销并不必要

　　每一个聪明的女人都应该明白，积聚财富的前提是必须养成节俭的生活习惯，对于某些不必要的开支，一定要加以控制。否则，金山银山也禁不住大手大脚地折腾。你也许有这样的朋友，她以前享受着优厚的工资待遇，现在突然失业了，而她又没有什么积蓄。此时，她可能会抱怨自己的运气太坏，而不会对自己的处境加以冷静地反省。其实，她只是强调了客观条件，而没有挖掘事情的本质，即自己的主观因素。在享受优厚待遇的同时，是否注意到她应学会节俭、学会理财、学会提高自己的综合素质，在潇洒地购物消费时，是否关注过所付出的每一个硬币的分量。

　　当节俭已成为你的生活习惯时，有朝一日你会惊讶地发现，每周妥善地节俭几十块钱，竟然能使自己实实在在地获得了道德品质的升华、心灵素养的提高以及个人经济上的独立。作为当家的女人，利用好自己的家庭收入，免除不必要的开支，有计划地理财，就显得尤为重要了。

　　根据《妇女家庭月刊》的一项调查，人类有许多烦恼与金钱有关，但是人们在处理金钱时出乎意料地盲目。更悲哀的是，人们没有意识到理财的重要，而都相信只要自己的收入增加10％，就不会有任何经济困难了。而事实并非人们想象的那样。我们经常看到，很多人收入增加之后，其家庭生活状况并没有实质性的改观。原因是他们在开源后并没有意识去节流，没有让每个铜板发挥出应有的效应。

美国作家托马斯·斯坦利通过调查 2500 名平均年收入在 475 万美元以上的女性得出这样的结论：美国高收入女性生活都很节俭。在一般情况下，这些女性的生活水准都低于她们的收入水平，她们的生活消费都在收入水平的 10% 左右。在斯坦利的调查中，一半的高收入女性从来不买价钱在 139 美元以上的鞋或是超过 399 美元的套装，70% 的高收入女性都补过鞋，一半以上都提早付清抵押贷款，58% 还用优惠券购买食物。

由此可见，在美国，富有的女人生活并不奢侈。这是为什么呢？为什么放着钱不花？许多人认为这是一种愚蠢的行为，其实这种想法是错误的。这种行为不但不愚蠢，而且是种精明的做法。她们之所以这样做，就是已经考虑到未来的家庭生活。

俗话说：天有不测风云，生活情况随时都有可能改变，人们要提前做好准备，以防万一。她们这种节俭是天生的吗？不，她们也是慢慢养成的习惯。所以我们也要学会调整消费的习惯，降低生活的需求，花钱也要有所计划。其实，要养成节俭的生活方式很容易，只要你肯在细节上用点心，稍微留意下从指缝间溜走的小钱，节俭就会在你身边。

以下教你几招节俭的小窍门：

1. 能批发的东西尽量批发

批发价总是比零售价便宜，如果家庭用品能够直接进行批发，那么将会省下很多钱。可是，有些时令性的物品，比如水果、蔬菜等一次购买太多就会腐烂，反而造成浪费。那么怎样真正享受到批发价呢？几个家庭、一个集体、一个单位的同事可以联合起来，大批买进日用品，就可以享受批发价格了。不要小看批零差价，一个月下来，省下几十元是常有的事。

2. 孩子的零用钱可以适当地节制

家庭日常开支中，最有潜力可挖的是子女的零用钱。因此，要在这方面想办法，做到有计划、有节制。有一位女性朋友，原来每个月花在孩子身上的零用钱不少于 200 元。有一次，她把零用钱全部交给了孩子自己掌握，每天 1 元，去公园玩补贴 10 元，孩子省下的钱归他自己。5 个月下来，不仅家里节省了七百多元，就连孩子也积攒了五十多元。一般家庭孩子的零花钱，大多花得不明不白，而不明不白的钱当然不应该花，应该花的钱也要悠着点。学学这位女性朋友的方法，可能你也会省下不少钱。

3. 不要忽视微不足道的小开销

已经养成的消费习惯不容易改，因此，购物时最好注意一些小细节，以免小开销累积成大支出，例如超市里包好的食物、包装过的蔬菜的出售价格一定比自由市场上的散装食物和蔬菜贵，这些没有必要去超市购买。超市的购物袋是收费的，去超市的时候可以携带购物袋，不但能够减少塑料袋造成的"白色污染"，而且长此以往也将节省出不少钱来。

4. 尽量不要购买反季节水果和蔬菜

购买时令的蔬菜、水果是最简单的省钱办法。夏天的水果，永远是夏天里最好吃、最便宜，如果是人工通过大棚种植出来的蔬菜、水果，不但价格要贵一两倍，而且很多产品使用了激素。

不要故作潇洒地说什么"千金散尽还复来"，那是一种极端幼稚的想法，抱有这种想法的人大多只能图一时之快，而结果却异常凄凉。因此，女人们绝不能不假思索地一掷千金、挥霍无度，必须学会节俭度日。

举行婚礼时坚持能省则省原则

筹办婚礼时，做一个详细的规划非常重要。首先要确定婚礼的大体规模以及花费的总额度，在此基础上，能够算出每个部分在总费用中所占数的比例。

新娘的礼服绝对不能敷衍，因为这是女人一生中最美丽的时刻。可以花大价钱做个旗袍，女子在婚礼上穿旗袍，显得典雅端庄，更重要的是以后还可以穿。如果选择买昂贵的婚纱，就只能在婚礼上穿一次，以后只有摆在衣柜里看了。婚宴是婚礼中的重头戏，它的花费也是最大的，将占到婚礼总预算的 50% 左右。传统的婚宴会按习俗选择双数，如 8 桌、10 桌或 16 桌。除此之外，还有酒水、香烟糖果、婚礼蛋糕、车队、请柬等费用。如果这笔钱可以省下一部分，你可以花在更有意义的地方，比如给家里添一件大电器、度蜜月的飞机票、教堂婚礼的义捐等。

在婚宴上，你可以只准备甜点和香槟招待客人，这比准备大餐要节省很多开支，一场鸡尾酒会也可以为你省钱；你可以用鲜花装饰婚礼蛋糕，糖花要比鲜花贵多了；你可以购买婚礼商店的样品，虽然它们和原商品看起来一样，价格却便宜很多；你还可以在批发商店购买饮料和其他小物品，这样会省下不少钱。请柬不必花钱雇人写，你可以和家人一起写，只要写得工整就行。

在朋友圈子里，你可以借到婚车，如果你的朋友没有那么多车，还可以请他们出面向他们的朋友借。你还可以找个口才好的同事或朋友帮忙主持婚礼，由于大家彼此熟识，氛围会更加愉快融洽。这个熟人司仪不但会为你尽心尽力，而且分文不收。现在最流行的就是露天婚礼，你们可以找一个外景场地举行典礼。为达到省钱的目的，不要去著名的旅游景点。最好找一个未开发的、山清水秀的地方，比如郊区山里的某个小溪畔。既达到了省钱的目的，婚礼又可以办得意趣盎然。

你还可以选择冬季结婚，冬季属于结婚淡季，商家自然会给你打折。漂亮的花实在是太诱人了，一不小心就很容易超支。鲜花大致包括：新娘手捧鲜花、新郎及贵宾胸花、伴郎伴娘捧花、花童捧花、婚礼上敬献给双方父母和主婚人的花、婚礼宴会用花、花车装饰用花等。其实，结婚典礼上的花可以重复使用。例如你可以把结婚典礼时用的花用于婚礼宴会上招待客人，这样又可以省下一笔开支。记住要选择应季鲜花，应季的花和温室中培育的花一样好看，但价格便宜很多。新郎、新娘的服饰、化妆等花费约占总花费的30%，包括新人的礼服、鞋子、披肩、耳环、手套、化妆、发型设计等，这笔花费也可以节省一部分。

摄像的费用约占总费用的10%，包括摄像、拍照，婚礼相册、制作光盘等。现在的家庭一般都有照相机和数码摄像机，你可以请擅长拍照或摄影的朋友帮忙，这样又可以省去一笔费用。还有大约10%的零星花费，花在不起眼又必不可少的地方。至于这些花费如何节省，你就要根据自己的实际情况量力而行，能省则省。

婚礼是女人一生中最幸福的时刻，但大操大办、透支金钱显然与婚姻的本质没什么关联。因此，在举行婚礼时坚持能省则省的原则，还是比较明智的。

做好理财计划，清晰自己的理财方案

如果你能把外出吃饭、穿衣戴帽及打车的费用控制住，仔细算算，节省50％的日常开销不是什么难事。要避免冲动、虚荣带来的经济尴尬，对昂贵的商品，要衡量自己有没有能力消费，学会对面子说"不"，最终才会令自己有面子。

要想管理好自己的财务，你就要从自己的日常财务收支入手。每天都坚持记下你的每一笔开支、每一笔收入。这样，你就会知道平时收入多少、支出多少，主要有哪些方面的开支。通过进一步地整理分析，你就会知道哪些钱是可以省下的。也许很多人会觉得，记账是件既无聊又丢人的事情，应该立即抛弃这种念头，因为从以下几点来分析，记账是一件非常有意义、非常有个性的事情：

1. 收入的1／3用来储蓄

这是个很现实的问题，一个人、一个家都会多多少少有不测之需。比如生病、事故、债务、突然性离职以及与之相关的医疗、人寿、社会的保险等，一点也马虎不得。如果一点储蓄都没有，一旦工作、生活发生变动，你将会非常被动。所以，你收入的1/3应用来储蓄，而储蓄的总钱数，一般不要少于你3个月的工资。你可以把储蓄的一部分存在利息较高的定期存折里。

2. 拿出每个月必须支付的费用

每个人、每个家都会有或多或少的固定消费，比如汽车贷款、教育、赡养等开销。其实，从开工资的时候起，它们就和你的所得税一样，已经完全不属于你了。你可以把这部分钱放到固定的活期存折中，到付款的时候就不会手忙脚乱了。

3. 收入的 10% 用来投资

如果情况允许，你可以每个月拿出收入的 10%，用以股票、基金、债券等的长期投资，而不是存到利息很少的银行里。这是种明智的选择，养成习惯以后，你总有一天会知道自己渐渐变得有钱了。

4. 其余的花销尽量节省

除了以上 3 大支出，剩下的花费就是可以节省的部分了。你可以详细记录自己的支出，看看哪些钱可以节省。你要建立详细的记账目录，分门别类地记录每一笔花销。

很多人认为这样做会非常麻烦，记个大概就可以了。其实不然，记账的目的不仅仅是要记录总共花费了多少钱。更重要的是，你可以从日常的花销中找出不合理的消费倾向，及时加以节省。例如每天上班不要乘出租车，早起 10 分钟等公交车，如果路不远，而你又有自行车，那就骑车上下班，这样既锻炼身体又省了钱。早上不要在外面吃早点，可以早起半个小时自己动手做。如果你的单位中午不管饭，你就每天晚上烧饭时多烧一点，用饭盒装起来，第二天带到公司去，这样又省了一笔开销。

如果你经常在周末到外边吃饭，也可以酌情减少吃饭的次数。如果你能把外出吃饭、穿衣戴帽及打车的费用控制住，仔细算算，节省 50%

的日常花费不是什么难事。

　　现在最时髦的行为是在网上记账。在百度中输入"记账"，就能找到很多记账的网站，或者下载很多方便好用的记账软件。每天只需几分钟记账，得到的绝对超过你的想象。省钱并不是最终致富的办法。但善于省钱的人，才是有资格、有资本开始赚钱的人。

　　不论单身或已婚女人，都该好好管理自己的财富，制订长远的财务计划，打造美丽人生，而管理财富的第一步，就是检视自己的收支状况。

如何在买房的时候"砍价"，装修时省钱

房子也是一种商品，也有讨价还价的空间。购房者在与业务主管谈价时，要从挑剔房屋着手，如对公共设施面积的计算、相关管线的设计、营建成本等方面提出合理的看法，或者是对小区绿化、房屋朝向、电梯数量等挑出合理的毛病，业务主管才有可能让价。一个规范的房地产开发商，售楼的利润空间在 3% ~ 20% 之间。这个利润空间为买房者砍价提供了丰富的想象力。商品房的销售价格大致可分为底价、标价和成交价 3 种。

底价是开发商自己或者是委托销售公司销售的最后底线价格；标价是开发商做广告对外所宣称的价格；而成交价就是购房者和开发商经过协商以后，签订购房合同时所确定的价格。在底价和标价之间每平方米相差可能有几百元之多。不善于砍价者，用标价作为成交价，即使购房合同签订得再详细，实际上还是吃亏了。善于砍价者，用低于标价甚至低于底价的价格作为成交价，就是真正得到了实惠。

其实，买房砍价和装修省钱也是有以下规律可循的：

1. 期房砍价

期房开盘之初，为了吸引购房者，开发商往往有一些优惠。这种优惠是和期房的升值预期挂钩的。因为从期房到现房，房价涨幅一般在10%左右，所以优惠幅度一般被控制在10%以内。只要你能指出期房的某些不足之处，要求让价，销售人员一般会在权限范围内每平方米让价几十元。通常，销售人员一般还会请出业务主管来和你谈具体价格。这样，你可能进一步把价格洽谈下去。因为一般销售人员没有二步让价的权利。

2. 热销楼盘砍价

据业内人士介绍，正在热销的楼盘一般不会打折。但只要购房者下足工夫，还是能拿到折扣的。某楼盘销售部经理透露，这个工夫来自两个方面：首先，购房者在买房前一定要多了解这个项目及它周边项目的情况，包括价位、性能，做到有自己的心理价位和心理预期。其次，购房者要尽可能取得第一手"优惠情报"。一个楼盘如果出现了大的优惠，一般情况下只有两种可能：要么开发商急需一大笔资金，这时会有好的促销政策；要么是清盘处理尾房，有的尾房甚至可以拿到八折的优惠。这些信息一般购房人不可能直接了解到。因此，如果你对某个楼盘情有独钟，不妨多花些工夫了解一下"内部情报"。

此外，如果是团体购房，因为开发商不仅节约了宣传和代理费，也不用操心楼层、朝向的调配，当然会让利销售。买房人一次性付款时，折扣空间一般会高于存款利率，而低于贷款利率。买了房的业主又带来一个客户买房子，一些开发商也会提供一些优惠措施作为回报。至于优惠的具体形式则视情况而定，比如转变成物业管理费或者通过其他形式体现出来。

3. 根据房子画出装修施工图

你要带领施工人员参观房子，这是很重要的一步，要让他们了解房

第八章　省钱有道：精打细算，让"财"尽其用

123

子的结构，并提出你的个性化意见。经过专业精密的测量，再结合你具体的经济状况，施工队会分出高、中、低三档，为你设计出一个方案。其中，你与施工队的联系沟通是必不可少的。之后就是装潢效果图的诞生，进而通过最后改动便有了一张具体的施工图。

4. 在施工前买好建材

很多人觉得，一边施工一边选择原料能节省时间。实际上，这样不但耽误施工进度，还会影响施工队和你的情绪，也很容易与施工队产生纠纷。比如这个木材质量不好，要换；那个瓷砖颜色不合适，得改等，反而会费时费钱。其实，你只需花上一个双休日的时间，到建材市场转一圈就行了。一般来说，装潢公司会派懂行的人陪你一起去看。如果你到装潢公司指定的那些大卖场去买的话，打折打得多，会更实惠。去大卖场或者大型超市买建材，是省时省力的选择。这些地方通常产品和品牌的种类都十分齐全，质量也有保证。如果有行家或设计师陪同选购，那么建议你拿好小本子和笔，将所选建材一一记录下来，以便结算。当然，你也可以自行选购。最重要的一点就是必须在施工前将所有原料准备好。

5. 电线、水管、开关的质量要有保证

埋入墙内的电线和水管要选择品质好的，因为一旦出了问题需要修理代价很大。而挂在墙上的装饰品、窗帘、灯具等则可选择相对便宜的，一来修理更换很方便，二来如果时间长了要更换新的，也不会太心疼。大多数人买开关插座往往选择同一品牌的，但其实买开关要买好的品牌，插座可以选择普通品牌。因为开关的使用频率高，对品质的要求也高，且开关一般安装在显眼的位置，要求装饰效果也要出色。而插座使用频率相对较低，通常安装在隐蔽位置，对装饰性没有很高的要求。

6.灯饰布置要合理

在装修过程中，设计师是不是经常想说服你在屋顶上装不少小射灯，在墙上的每一幅画上加装饰光源？其实这样做，仅在电路的铺设上，你可能就会多支付 500 ～ 1000 元的费用。除费用加大外，还会在家中造成光污染，容易使人产生视觉疲劳。按照灯光设计原理，每一个房间里只需 1 个主光源（顶部照光灯）加 1 ～ 2 个副光源（落地灯或台灯）即可。甚至在卧室里，人们还可以省去顶部的主光源。客厅的顶灯需要选择艺术化、造型强的灯饰，但也要选择简约化、省电型的产品。宾馆里的大型水晶吊灯或造型复杂的花灯用在家中不太合适，会形成压抑感。多排水晶灯或造型别致的 PVC 灯饰用在客厅比较合适。此外，选择灯具时，还需讲求整体性、统一性。

房子本质上也是一种商品，也有讨价还价的空间。在一些小细节上，开发商即使做出让步，仍能以较高的价格出售，吃亏的还是购房者。房子的价格能否便宜一些，能便宜多少，这是购房过程中遇到的很重要的问题。

第八章 省钱有道：精打细算，让“财”尽其用

第九章

花钱攻略：

挣了钱要会花，

会花钱的女人不败家

要消费，但不能浪费

挣钱不容易，花钱如流水，这都没有什么，最重要的是不浪费、不花冤枉钱。女人要理财、攒钱，渴望哪天变得富有，不浪费钱财也是可行的方案之一。毕竟，不浪费钱也是节流的途径。

人们扎堆聊天，经常会聊一些消费方面的话题。父母辈的人往往会指责年轻人花钱大手大脚，太浪费；而年轻人则会觉得老一辈花钱太吝啬。那么，怎样的消费理念才算合理呢？理财专家给出的建议是：要消费，不要浪费。

一位侨胞回国办事，在一家五星级酒店宴请亲朋，花费不菲，然而离席的时候，这位侨胞竟让服务员把吃剩的饭菜打包带走。亲朋好友大为不解地问："你那么有钱，还在乎这点饭菜？"这位侨胞坦然地说："花钱吃得好一些，这是消费，把吃剩下的饭菜扔掉是浪费。可以消费，但不能浪费。"

的确，可以消费，但不能浪费。消费不等于浪费。众所周知，消费是拉动经济的根本动力。节约的本意是杜绝浪费，而不是减少消费。如果大家都减少消费，经济就失去了发展的动力。所以，对个人来说，即便是高档消费，只要有需求又力所能及，也属于正常消费。关键是在消费的过程中，要杜绝浪费。有媒体报道说有人一桌饭吃掉 36.6 万元。且不评价这件事本身，有人为这种行为辩护的一条理由就是：可以拉动消费。消费可以促进经济繁荣，但不可过度，过度消费不仅会造成社会资源的极大浪费。

德国《时代》杂志曾载："一个预期寿命 80 岁的美国人，在目前生活水平下一生要消耗约 2 亿升水、2000 万升汽油、1 万吨钢材和 1000 棵树的木材。"试想，如果我国 13 亿人也要如此消费，我们的地球又如何承受得住？当然，随着生活水平的提高，人们追求品位、讲究精致，这些都无可厚非，但并不是花钱多就能吃出健康、穿出品位。追求时尚，体现个性，应追求高层次的精神享受，而不是纯物质的铺张浪费。合理的消费，既能丰富生活、愉悦心情，又有益于健康。能够做到合理消费，才能活得舒心、开心。

消费不浪费的另一个要点就是不花冤枉钱。无论什么行业，商家都会想尽办法引诱你花钱，要不人们怎么常说"买家没有卖家精"？当时你可能头脑发热，觉得没什么，但过后往往就会觉得自己是花了冤枉钱。买房买车买大件物品尤其如此，各种各样的附加费用不少，其实有很多都是冤枉钱。所以，消费时一定要警惕，别花了冤枉钱。拿买车来说吧，在中国买一辆奔驰，前前后后花了上百万元人民币，和买其他车相比，虽然是贵，但是性价比还可以。但是，如果在美国买一辆同样的车，可能只花不到一半的钱。这就无形中花了冤枉钱。当然，花这种冤枉钱有时候是不可避免的，毕竟不是人人都可以绕过地区差价的。但显性的冤枉钱，就真的没必要花了。

还以买奔驰车为例，花了上百万元人民币之后，销售商又让你花 2 万元去买一个全球定位系统的防盗装置，这就是让消费者花冤枉钱。因为买这个装置根本就没有必要，原因在于不论有没有这个系统，小偷都偷不了奔驰。即便真的丢了，有保险公司，消费者也能毫发无损地将车找回来。所以，2万块钱的全球定位系统的防盗装置就是一个冤枉钱。总之，我们要有头脑、有智慧地去花钱。女人挣钱不容易，花钱更是要仔细。不花冤枉钱，才是真的会花钱！

消费不是浪费，节约也不等于吝啬。不论什么时代，从人类共同拥有一个地球及其所有的资源来讲，都要求合理利用，就是说要"物尽其用"。

会花钱也是一门技术活

你不得不承认，花钱也是一门学问。现在流行"财商"概念，什么是财商呢？简单地说，财商就是一个人认识、把握金钱的智慧与能力，主要包括两方面的内容：一是正确认识金钱，二是正确使用金钱。一个人怎样使用钱（包括投资赚钱和消费花钱）是检测其财商高低的唯一方法。

"会花钱就等于赚钱"。这句话乍一听，总觉得有悖于中国的传统常理。在中国人的传统理念里，能赚会花总是和吃喝玩乐联系在一起。因此，有不少中国人在挣了一些钱之后，总喜欢深藏不露。更有甚者终其一生，花费甚少，身后却留下巨款一笔，让人大吃一惊。现代女性会花钱的比比皆是，同样的钱放在女人手中总是比男人们经花，而且她们也会花，当然这并不是泛指所有女性。社会中自然也有不少不会花钱的女人，她们的工资月月光，而她们的所购之物既没有品位，也没有多大的使用价值，大多数都属于冤枉钱。

会花钱看来还是有前提的，不是花 10 元钱，换来了 10 元的货这样简单，而是花了 10 元钱，得到了 12 元甚至更高价值的商品，这才是真正意义上的赚。会花钱就等于赚钱的前提是花费之前多思量，凭一时冲动或心血来潮花钱，其结果常常是换来了一时的快感或满足，并没有得到更多的事后利益。当然，这种经大脑思考过后的决定，可不是婆婆妈妈讨价还价或优柔寡断地无从选择，而是在消费之前将自己定位成一个合格的市场调研员。

会花钱的最高境界应该是和朋友们一起分享那份物超所值带来的喜悦。社会发展至今，周围的人似乎都是高智商，兜里的钱很容易被别人赚去好像是好久以前的事情。花钱是一门学问，有的人花了1元却挣了100元，有的人花掉100元却一文不赚，更有甚者，全部赔光亦有之。一本时尚类杂志上曾刊登了一篇对某知名演员的采访文章。文中提到了她的消费观，她说她与另外两个好友是三种消费观不同的人，如果有10元钱，她会花5元，另外一个则会花10元，而第三个则只花3元。其实现在花多少已不是关键，新观念就是花了10元后能赚多少。并不是每个人都会花钱。会花钱是花了100元钱，得到了150元甚至更高价值的商品；更有些深谙花钱学问的聪明人，花了1元却挣了10元。

在不放弃生活的享受、不降低生活品质的前提下，花最少的钱获得更多的享受，这正是会花钱者的过人之处。生活中的每一处细节，会花钱的人都会利用得恰到好处，把每一分钱都花在刀刃上。"我有钱，但不意味着可以奢侈"是她们的心态，"只买对的，不买贵的"是她们的原则。

如今社会不断进步，生活水平日益提高，勤俭持家、使劲攒钱的老观念已经落伍了。"能挣会花"日渐成为最流行的理财新观念。女人能赚钱，并不能说明她有品位、会生活，懂得人生的乐趣。评价女人的生活能力要看她怎么花钱，或者说怎么对待钱。女人应该知道怎么把钱花出去，应该知道如何经营好自己的家庭、经营好自己。

赚钱是技术，花钱是艺术。赚钱决定着你的物质生活，而花钱则往往决定着你的精神生活。同时，会花钱的女人还能从花钱中感受到生活的乐趣，从而使赚钱成为一项有意义的、快乐的事情。

先住新房，后还贷款

　　只有结合自己的情况，你才能在消费与理财之间选择最佳的结合点。

　　有一则寓言式的故事：一位中国老太太和一位美国老太太在天堂碰了面。中国老太太说，我辛苦了一辈子，终于买下了一幢大房子，可惜只住一天就来到了这儿。美国老太太则说，我也辛苦了一生，终于在来这儿之前还清了买房子的贷款，不过那房子我已经住了几十年。这则寓言式的故事说明，同样是攒钱买房，消费观念不同，享受到的生活待遇也会截然不同。目前，各银行都在积极推行贷款购房，"先住房，后还款"的生活方式逐渐成为一种社会时尚。中国的个人住房贷款有两种，一是银行商业贷款，二是公积金委托贷款。公积金委托贷款的利率比银行商业贷款的利率低，是购房者的首选。如仍不能满足需要，你可以用银行商业贷款弥补不足的贷款额。一些举债买房者认为，贷款买房，对促进家庭理财十分有益。

　　叶子花三十余万元买了一套住房，其中申请银行按揭 20 万元。她以前是"月光族"，多挣多花，少挣少花，每月都花光，很难控制住自己去存钱。贷款买房后，每月发了工资，她很自然地会去存钱还贷。

有了还贷的压力，她工作更努力了，在公司的业绩也更出色，工资也自然而然地涨上去了。现在，她的生活水平比以前提高了很多。

与其租房交房租，不如借助贷款买房。买了房，既可改善居住条件，又可将租金消费转为投资。同样是花钱，把交房租的钱用来还买房的贷款，可以说是一种明智的选择。按有关规定，银行允许借款人提前偿还全部或部分贷款。已经贷款的人，如果有闲置资金可以考虑提前还贷。提前全部归还本息的，按合同利率一次结清还本付息额部分提前归还的，以后每月还本付息额按剩余本金和剩余还款期数重新计算。

这样，如果办理住房贷款后，手中余钱积攒到了一定数额，就可考虑提前偿还贷款或偿还部分贷款。因为日常积蓄一般是存成银行储蓄，如果不及时偿还贷款的话，一方面你的存款年收益不足 3%；另一方面要支付 6% 以上的高额贷款利息，3% 的差额就白白流失了。因此，提前还贷是减轻利息支出的好办法。

当然，这种超前消费方式并不是人人都适合，特别是在房价下跌、贷款利率增加的情况下，贷款购房更应三思。传统观念强、心理承受能力差的人不适合贷款。对于多数人来说，"无债一身轻""量入为出"的传统理财观念在短时期内是很难改变的。此观念根深蒂固的人，就不宜盲目跟风，赶贷款买房的时髦，否则，到时候为债务所累，背上沉重的心理包袱，就得不偿失了。

贷款买房时，你要考虑自身还本付息的承受能力。在贷款之前，你要对自己的收入情况和每月还本付息额进行衡量，仔细测算，以此确定是否贷款，确定所能够承受的贷款额。

另外，在能够向亲朋借款的情况下，尽量不要贷款。在存款利率低的情况下，你可以和出借人协商，按照银行存款利率为其支付利息。这样，出借人的利益不受损失，你又避免了沉重的贷款还息负担。一年内有资金需求的人不适合提前还贷。如果按揭者在短期内有资金需求，例如住房装修等大笔开支，一般不建议提前还款。还款时间已经超过贷款期限一半以上的人不适合提前还贷。对这些贷款者来说，在贷款期限后期的还款中，大部分都是本金的偿还，此时通过提前还贷达到节省利息的作用不大。投资型按揭者其投资收益高于房贷利率的人提前还贷不划算。如果你具备一定的投资能力，投资收益又高于目前的房贷利率，你就无需提前还贷。对于投资经验非常丰富且风险承受能力较强的家庭来说，可以通过投资使家庭的资产年收益超过住房贷款利率。看来，花钱也是一门学问。只有结合自己的实际情况，你才能在消费与理财之间选择最佳的结合点。

与其租房交房租，不如借助贷款买房。买了房既可改善居住条件，又可将租金消费转为投资。同样是花钱，把交房租的钱用来还房贷，可以说是一种明智的选择。看来，花钱也是一门学问。

做金钱的主人，让你的消费成为艺术

　　同样是花钱，不同人生境界的人会有迥然不同的做法。有的人会去胡乱消费，有的人会把钱存起来，有的人会用钱来继续充电，有的人会把钱拿去投资，有的人会用钱来孝敬父母，有的人会用钱去感受人生……不同的花钱方式体现着不同的人生认识。有的人醉生梦死，有的人得过且过，有的人在不断创造，有的人在体悟人生。所以有人说：赚钱是技术，花钱是艺术。

　　花钱能体现一个人的品位，花钱决定着一个人的精神生活。关于花钱最重要的一点是，你有没有能力把钱花在最让你高兴的事情上。聪明的女人懂得，在能够给自己带来满足的地方，不应该吝啬金钱；如果不能达到这个标准，绝对不多花1元钱。同样，会花钱的人大都很注意人际交往，舍得在积极的人际交往中花钱，并且会选择最适宜、得体的形式。即便仅仅是吃饭，她也会找一个很特别的去处，点一席搭配合理、别具特色的菜肴，让对方有个好心情，留下特别的印象。这样的人在工作中也会很注意处理好人际关系，并且很讲方式方法。更重要的是，她会以比较积极的心态看待人际关系，重视合作和取长补短，蔑视内耗和自以为是，从而建立起使双方受益、对工作有利的人际关系。会花钱，就是会投入，只有懂得如何投入，才能得到更好的产出。有的女人会用10元钱买价值15元钱的东西，真是物超所值！而最会花钱的女人，即使手里没有属于自己的钱，也一样能赚大钱。例如那些买空卖空的投资者，就能用别人的钱来赚钱。

毕竟这个社会还没有到人人都懂得如何花钱的地步，所以人们需要理财顾问。而花着别人的钱，工资却不菲的她们，投资获得的潜在效益更是惊人。这是因为她们懂得如何花别人的钱，同时也能为自己和他人带来更多的利益。

一个项目，需要什么资源，用最少的投入产生最大的回报，一定与会花钱分不开。会花钱的女人在投资之前一般都会花钱去考察。她花在考察上的钱并非沉没成本，更多的是机会成本，而且是成功概率特别高的那种。

会花钱的女人会花别人的钱做自己事，用他山之石供己所用，关键是能够让那个花了钱的人认为值得。此时，不仅仅是双赢共赢，更可能是三赢四赢全部都赢，真是皆大欢喜。会花钱的女人花出去的每一分钱都会产生增值

效应：花在人际关系方面的，将来办事准保畅通无阻，人际关系也成了生产力；花在硬件、软件方面的，在账面上固定资产和无形资产必然会无限扩大，值与不值全由花了钱的人去评估；花在消费方面的，也会在消费中寻找生意。事实上，会花钱的女人大多喜欢一流的事物。她们会尝试着去见识一流的世面，接触一流的人物，进行一流的游历。因为她们知道一流的东西有一流的价值，接近它们才会接近一流的境界。这样的女人在逛街时会很注意事物的品质、追求最佳的视觉效果和使用价值，在工作中则会努力向一流的人物学习，追求一流的信誉、一流的形象和一流的业绩。知道了一个人怎么花钱，你就会了解到对方的品位、眼光和境界，了解到对方对工作、对成败、对他人的真实想法。

看一个人花钱，能够看出她是否有品位、会生活，是否懂得人生的乐趣。"君子爱财，取之有道，用钱有节，集散有序。"人的心态决定着他们对金钱的态度。只要你有眼光、会花钱，就能轻松地驾驭金钱，做金钱的主人。

每一分钱都不能浪费

　　女人一旦看准哪个投资项目就绝不含糊，甚至会拿出全部的财产，实施"钱生钱"的造钱计划。这种花钱方式，绝对值得那些或"吝啬"或"花钱很潇洒"的女人学习。进商店买衣帽鞋袜，上菜场买萝卜白菜，这是花钱，人人都会。根据自己收入的多寡、家底的厚薄，制订恰当、合理的消费计划，然后实施，也是花钱。然而后一种花钱方式涉及理财的学问，就并非人人都会了。因此，说起花钱，就有"会花"与"不会花"的区别。

　　会花钱的女人不乱花钱，更不会吝啬花钱。能挣会花的女人才最值得称道。女人都喜欢赶潮流，新买的东西过时了，就可能会丢在一边懒得用了。尤其是手机、电脑、家电等高科技产品。年末的时候，各家电大卖场都会举办各种优惠活动，电视机、空调、冰箱、数码产品等都会大幅打折。年终奖到手了，很多女人也都想"潇洒"一把，有的想更新家中的家用电器，有的想买一两件心仪已久的数码产品。实际上，随着科技和生产力的迅速发展，高科技产品升级换代的频率越来越快，根本没有必要"赶潮流"。因为，你今天买到手的新产品，明天可能就会变成"落脚货"。家电更应该以实用为主，不要去追逐那些用不着的功能，钱花在这上面实在不值得。花 1 元钱，就要让这 1 元钱发挥 100% 的功效。成功的商人往往锱铢必较，1 元钱也不会随便浪费。

　　世界级富豪比尔·盖茨可谓是无人不知无人不晓，但是很少有人知道比尔·盖茨连私人司机都没有，公务旅行也不坐飞机头等舱，衣着也不讲究名牌，他还对打折商品很感兴趣，甚至不愿为停车多花几美元……然而在事业上，比尔会不惜重金让自己的产品打入市场。起初，微软公司的 DOS、Windows 软件是搭配在个人电脑上的，这样可以让电脑的购买者产生一种想法：这些软件是完全免费的，最终使 Windows 系统软件在市场上的占有率高达 90%。在竞争激烈的时候，比尔更会不惜一切代价取得市场。在占领 DOS 市场的时候，其他软件价格都在 50～100 美元。而比尔会以接近免费的低廉价格，即 1.5 美元推出自己的产品。正由于微软公司操作系统的普及，客户会认为这些系统整合得很好，便会一同购买微软公司的其他软件。虽然，这些市场策略让微软一时亏损许多，但是由此获得了大份额的市场。因为比尔清楚，一旦自己的产品成为行业标准，将会产生不可估量的价值。

如今，独生子女越来越多。心疼孩子的妈妈们总是觉得，只要是把钱花在孩子身上，多少都不过分。其实，在优越环境中长大的孩子，养尊处优的习性会使他们失去生活的主动性。每个月的零用钱不断上涨，这时你无须抱怨自己的孩子随便买东西，其实孩子的习惯是与家长的引导和教育息息相关的，你应教导孩子学会花钱。专家指出，给孩子的零花钱可以随孩子年龄的长大而逐步放宽。小学时可少些；初中时适当增加些；而高中阶段，由于孩子有了一定的社会交往，这时你就应该适当放松"政策"。你可以鼓励有能力的孩子在假期去兼职打工，让他们自己处理打工收入，或者鼓励孩子用自己的打工收入来完成自己的消费计划。你则从旁帮助指导。这样一方面使孩子体会劳动得来的收入不易，体谅父母平日的辛劳忙碌，另一方面也促使他们珍惜自己的劳动成果，不乱花钱。在这种环境下长大的孩子，将来肯定会是"财"子、"财"女！

花 1 元钱，就要让这 1 元钱发挥 100％ 的功效。成功的商人往往锱铢必较，1 元钱也不会随便浪费。

第十章

聚财有方:
运用财商，收获财富

细心观察，看透商机的女人更容易收获财富

女人大都敏感心细，善于发现，关键是你有没有发现商机的慧眼，愿不愿意开动脑筋去思考，把潜在的商机"想"出来，变成看得见的财富。不要拿自己学历不够、见识不广当借口，哪怕你只是一个普通的家庭主妇，每天从做菜的材料中也能发现不少赚钱的契机。

有人将创意的产生归为机会的垂青，也就是运气，但研究创意的专家认为，没有平时的积累，是不可能产生创意的，这也可归为创业者平时的感受与观察。例如当旧金山形成淘金热时，无数人像潮水般满怀希望地奔向"金山"，但却也有人在这挖金大潮中"逆向而行"，看到了帆布牛仔裤的商机。

一种创业行为无外乎是以下 3 种形式：新市场，即用原来的产品或服务满足新的市场需求；新技术，即创造人们需要的新产品、新服务；新利益，即使产品、服务质量更好，功能更多，成本、价格更低。不过在有些人看来，投资是需要本钱的。换句话说，本钱少，就没办法进行投资，更没办法创业。

其实，思想上不能突破，矛盾就永远存在。本钱小并不可怕，怕的是勇气小、信心也小，不敢也不善于以小搏大创造财富。市场是广大

的，越是小的东西越蕴藏着巨大的商机，任何一个小的项目，只要耐心开掘都能发财致富。无论是谁，只要拿出信心，下定决心，并一步一步地走下去，致富就是理所当然的事情。

有个在上海高新开发区工作的女人，年薪 10 万元。中午趴在办公桌上休息的时候，她发现了一个商机：一些白领阶层最缺乏的就是能忙里偷闲地多休息一会儿的地方，这样可以舒缓身心疲惫，养精蓄锐。但公司一般不可能放几张床让你休息，于是她就想开个小旅馆满足这一部分人工作中途休息的需求，以给那些身心疲惫的人提供暂时休息的场所。

她辞掉了年薪 10 万元的工作，专心做这件事情。最早她只开了 8 个房间，每间房每小时 5 元，起名字叫"睡吧"。然而，最初的生意并不好，没钱的时候，父母给了她很大的支持。经过不断琢磨，她把睡吧改造成了家庭卧室的模式：有素雅的窗帘和温暖的壁灯，床头柜上放着各种休闲杂志，还可以戴上耳麦欣赏音乐等。于是，她的生意突然就好了起来，睡吧的预订电话被打爆了。因为床位供不应求，她又借钱扩展了二百多平方米，并按配套设施分出高中低档，不同档次有不同的收费标准。之后，她的睡吧又拓展了"催眠"等业务。再后来，有人找她合作出资，如今的她每年有 100 万元的收入进账。

这是有想法和机会就立即实施的果断，这也是勇敢的尝试换来的成功。有什么样的

市场需求，就有什么样的消费群体。其实我们身边就有很多潜在需求，有很多商机。换句话说，就是个性创业在等着你去发现机会，等着你去创造成功。

在财富时代，要赚钱一定得用脑子。用四肢只能赚小钱，用脑子才能赚大钱。四肢再健壮，只靠它也赚不了大钱。一些运动员赚钱不菲，但迈克尔·乔丹却说："我不是用四肢打球，而是用脑子打球。"用四肢不用脑子只能成为别人的工具，成为别人大脑的奴隶，是赚不了大钱的。美国通用电器公司前总裁杰克·韦尔奇说过："有想法就是英雄"。不愿动脑，没有想象力的人跟我们的祖先黑猩猩是没什么区别的。所以说，赚钱始于想法，富翁的钱都是"想"出来的！

要懂得花时间用头脑思考，是现代竞争社会对商人素质的基本要求。古语有"变则通，通则达"的说法，即使在今天寻求财富的我们看来，这句话仍散发着它的魅力。一个不切实际的梦想需要抛弃，一个让你饿不着，却也活不好的工作更要勇敢地抛弃。

寻找适合自己的理财项目

　　寻找适合的理财项目时，应先了解自己的投资属性是什么、希望达成的目标为何、可承担的风险有多少、每个月的收入可分配到实用的是多少等。待这些问题有答案后，再根据自己的需求去寻找适合的理财工具。当然，在此过程中应尽量充实自己的理财常识，才能有效地运用。

　　如果你现在没有本金。可以先规划每个月可存下的金额，利用银行零存整取的方式来累积财富，再利用这笔资金进行投资。可承担高风险的，可挑选绩优股研究，进而操作买卖。如果希望投资更稳健，买基金是一个很不错的选择。如果你已有一笔资金，在房地产作业低迷的时候，也可以考虑投资房产。其实，你也可以依个人的经济状况和年龄考虑不同的投资组合。例如可将约30%的资金仍保留在变现最快的定期存款、货币市场基金等随时可以动用的工具上；30%资金投资于基金，可通过专业人士进行理财；而其他的资金则可考虑直接投于证券市场，长期持有那些有发展潜力、企业管理优良、分红稳健的企业，以期随着经济的发展，获得较高的收益。

　　由于有较多的金融工具可以运用，现代女性在投资时应该学会利用多元化分散风险的概念，投资在不同的区域，投资于不同的标的物。

1. 收集各方面的理财信息

女人要踏出投资理财的第一步，一定要多收集各方面的理财信息。通过比较，了解产品风险的上、下限以及变现性，以应不时之需。再依各人所能承担风险的程度，配合个人或家庭对中长期的资金需求，做出妥善的投资计划。从事任何投资前，一定要先看清是否适合自己，千万不可跟风盲目做决定，因为每个人都有不同的经济能力及承受亏损风险的能力。只有多了解目前可利用的理财工具，根据自己的需求来投资，及早行动，让自己的资产活起来，才能抓住投资理财的要领。

2. 两道防火墙是风险投资的前提

风险并不可怕，可怕的是没有任何保障下的风险投资。对于大多数的女性来说，在投资上需要有更多的冒险精神，不要因惧怕金融市场的高低波动和投资决策的判断失误而对风险敬而远之。你可以在风险面前修建起两道防火墙。一道防火墙是预留应急准备金，用来维持个人或家庭生活的日常费用。你要留出 3 ~ 6 个月的收入，作为应急准备金。一部分可活期储蓄，另一部分投资货币市场或债券基金。这是为失业、生病或修理房子和汽车保留的储备金。另一道防火墙是保险。它的主体是健康险、意外伤害险、第三者责任险和养老保险等。这用来应对个人或家庭的中远期需求，防范和降低不可预计的风险。

3. 定期定额投资基金

定期定额投资基金是女性的首选投资工具。好处是每月强迫储蓄投资，不论市场行情如何波动，投资者不必考虑进场时机。由于进场时间点分散，风险也相应分散，并且平摊了投资成本。定期定额购买基金，可以帮助女人克服犹豫不决的弱点。同时，定期定额更看重时间的复利效果，适合中长期理财目标，杜绝了投机性质的投资行为。

4. 商业养老保险

在寿命问题上，女性比男性长寿已经被人们认同。由于女性预期寿命一般较男性长 3 ~ 7 岁，加上婚姻习惯中男性平均比女性大 2 ~ 5 岁，夫妻双方的生存年龄将相差 10 岁。这就是说，大多数女性晚年时，在少则几年、多则十几年里需要自己照顾自己。这就使得女性应该尤其注重养老问题。建议你在资金允许的条件下，适当补充一些商业养老保险的投入。

只要不疾不徐，先了解市场行情，多比较、多看，总有机会挑到满意的投资对象，不让自己的钱躺在银行丧失投资的契机。

闲置金钱就是在浪费金钱

　　那些高财商的女人，有钱也不存入银行，这是因为存入银行的钱，相对来说就变成了闲置资金。其实早在 18 世纪中期以前，财商很高的人就意识到存钱不能使钱获得更多利润的道理，因此他们热衷于放贷业务，就是把自己的闲置资金放贷出去，从中赚取高利。财商高的女人宁愿把自己的钱用于高回报率但风险很高的投资或买卖，也不肯把钱存入银行。俗话讲："有钱不置半年闲。"这是一句极其实用的生意经。它告诉人们做生意要合理地使用资金，千方百计地加快资金周转速度，减少利息的支出，使商品单位利润和总额利润都迅速地增加。

　　别让钱闲置，必须做到以下两点：

1. 善于营销，保证商品不压库

　　在市场经济中，企业要想生存与发展的关键在于避免商品积压，经常保持勤产勤进、快销快出，保持资金的良性循环。商品积压，不仅仅妨碍了扩大生产经营，又产生利息、仓租等费用，增加支出。要达到商品畅销，除依赖于产品的质量和款式外，最关键的环节是营销。对于个人或家庭来说，要学会理财，切莫乱买多买，而要随用随买、够用即可，确保有富余的钱可用于各种投资，使其活起来，从而实现增值。

2. 善于分析市场走势，把钱投向回报率高的项目

如果你把钱投入商业或生产项目，利润回报率为10％，一年中资金周转4次，就可获得40％的增值。如果对市场走势观察分析准确的话，那么资金的每次周转盈利率可以提高30％或更多些，那么一年滚动周转4次，所得的利润就能超过100％。所以，成功致富的人，很少把钱存入银行，总积极地寻找有利的投资目标。手中的钱怎样才能用活，这是投资者的一大学问。许多有钱人都不赞成存款，而赞成现金运转。他们一致认为，银行存款和现金相比，现金当然是最可靠的，虽不获利但也不亏损。小心谨慎而又精明的商人当然是在二者择一的条件下择其后者。因为对于他们来说，"不减少"正是"不亏损"的最起码做法。想借助银行来求得利息，能够获得利润的机会不大。

美国通用汽车制造公司的高级专家赫特曾说过这样一句话："在私人公司里，追求利润并不是主要目的，重要的是把手中的钱如何用活。"这个道理，许多善于理财的小公司老板都非常清楚，但并不能真正地利用到实际中。往往公司一有点盈余，他们就生出胆怯的想法，不敢再像以前创业时那般敢想敢做，总怕手中仅有的钱因投资失败又化为乌有，于是赶快存到银行，以备应急之用，似乎这样做更安全一些。虽然确保资金的安全乃是人们心中合理的想法，但是在当今飞速发展、竞争激烈的经济形势下，钱应该用来扩大投资，使钱变成"活"钱，来获得更大的利益。这些钱完全可以用来购置房产、铺面，以增加自己的固定资产，到10年以后回头再看，会感觉到比存银行要增值很多，会看到"活"钱的威力。对于这一点，并不是每一个人都能看到并敢为的。这主要是因为愿意去冒风险当老板的人毕竟是少数，一般人看不到自己企业的美好前景，不敢冒险，也就是没有进取心。我们都知道，银行存款

是可以生息的，只要有存款，便能获得利息收入。而现金是不生息的，手持现款是多少，经过若干年后仍旧是原来的价值，并不增多。

这样看来，银行存款比手持现款更有吸引力。那么为什么有的人这么"傻"，宁可守住一大堆现款，而不愿把它放在银行，让它"繁殖"呢？实际上，有的人并不傻，而是太精明了。他们早已算好了一笔令人惊讶的账。现款不应该随便放置，它需要有一个安全的"藏身"之处。聪明的犹太人，巧妙地利用银行的安全设施，在银行的安全角落拥有自己的现款保险柜，即使是亿万现金，也没必要担心被盗。

做生意时使用资金应合理，想尽一切办法加快资金周转速度，减少利息的支出。

投资股票多动脑，积少成多收益高

　　股市常常瞬息万变，它的高利润让无数股民为之奋战。股票的涨落最为惊心动魄：每一次中小型的升浪，都提供了良好的投资机会；每一次大型的升浪，都提供了巨大的获利时机。股票是一个风险教育场所，股市震荡惨烈，跌涨反复，巨大的风险和利润共存，炒股者需要具备良好的心理素质、敏锐的前瞻智慧，成功选择到与指数同步上升甚至超过指数的个股，才能在这高风险与高利润同在的股市中获利。

1. 多元投资抗风险

　　股票投资，在高收益的背后蕴藏着高风险。为了避免覆巢之卵的结局，最好不要把所有的资金都投到一种股票上，特别是不要把所有的资金都押在利润高、风险大的股票上。分散投资，也就是分散风险，一旦某种股票大幅度下跌，就可以从其他股票价格上涨中得到一些补偿，可谓是"东方不亮西方亮"。如此，才不至于血本无归，狼狈不堪。对动辄几百万元的大户来说，分散投资理财应算是最好的方法。如果只投资一种股票，赚了好说，赔了往往很难承受。对大户而言，分散投资理财是避免"一棵树上吊死"的最好方式。而对小户和工薪阶层的投资者来说，分散投资理财并不适用。因为一般的工薪阶层，除满足衣食住行所需外，剩余资金也就几万元。分散投资理财虽避开了风险，但获得的利润也微不足道。

2. 自主投资，不随波逐流

在股市中，消息无处不在，让人真假难辨。政策引导，坐庄内幕，拉升快报，重组秘闻……官方版本层出不穷，民间传说各执一词。每天众多消息纷至沓来，让众多股民无异于雾里看花。面对这么多消息，有的人把简单的事情复杂化了，有的人把复杂的事情简单化了。判断失误，自然谈不上有成就。面对众多消息，应该时刻保持一种平和的心态。只有心态平和，头脑才会冷静，判断才会正确，才有可能大大提高获利几率。要避免受市场气氛和他人的干扰，不要跟随他人追涨杀跌。必要时，可以少听或不听股评、少去股票营业部。在投资股票时，要冷静慎重，独立思考，坚持自己的投资原则，该选择什么股票，在什么点位买进抛出都要有所计划。在股票投资中，大部分股民特别是散户都是赔钱的，因而股市上有"一赚、二平、七赔"一说。如果你盲目地随波逐流，难免会有亏损。

3. 低价买入，高价卖出

投资股票就像买衣服一样，一般不要在市场的新高时候买入，要等到它贱卖的时候买，比如冬天的时候买夏天的衣服，夏天的时候买冬天的衣服。低价买入、高价卖出是颠扑不破的真理，是股票投资中股民追求的最高境界。股民若能做到在股票具有投资价值时买入，在高于投资价值时卖出，在每一轮的涨跌中都将会小有收获。长此以往，股民必能集沙成山、积水成河，获得丰厚的投资回报。

4. 合理判断本益成长比

究竟怎样选择和购买股票才真正适合投资大众呢？你可以将一支股

票的价格与其预期盈余成长率进行比较。一般而言，股票的本益成长比在 1.0 左右会比较合适。如果一家企业的股票价格相当于其盈余的 30 倍，而该公司所在行业其他企业的股票价格大致平均相当于盈余的 20 倍，则这支股票就有价格过高的嫌疑。不过，如果分析师们普遍预计该公司的盈余在未来一年中将成长 30% 左右，则 1.0 的本益成长比就称不上过分了。同时，你还必须了解企业的财务负债表，知道其现金流和收入的具体情况，否则就无法确定其盈余的品质。

5. 合理利用平均利润率

平均利润率获利原则是指在股票投资中的获利预期以社会平均利润率为基准，并依此制订相应的投资计划来指导具体的股票投资操作。例如，如果我国一年期的定期存款利率和债券的利率都在 10% 左右，可以认为我国的各种投资的年平均利润率就为 10%。那么在股市投资上，股民就可以 10% 的收益率为收益目标，不贪大、不求多，只要每次交易的收益达到或接近 10% 就抛出，从而保持心理稳定，实现理性操作。通过固定收益目标，股民可克服急躁的情绪和心理，避免盲目地追涨杀跌，有效地控制投资风险。而一旦 10% 的收益目标达到后，没有较好的机会就暂不入市，即使将资金再存入银行，其一年的盈利也能高于其银行储蓄利息。

股市中的俗语是"股市有风险，涉足要谨慎"。要想在股市中存活下来，最好小有收获即迅捷收手，稍有风险便高挂免战牌。在选股时，要异常谨慎，操作时决不冒进，才能在稳中求得小胜——积少成多，也能收益不少。

银行储蓄巧投资

很多女人都习惯把钱存入银行。有些人仅仅为了方便支取，就把数千元乃至上万元钱都存入活期，这种做法当然不可取。粗略地计算一下：如果年利率为 0.722 的活期存款，存款额以 5 万元为例，一年只有几百元利息；3 年期年利率为 2.52 的定期存款，存款额同样是 5 万元，每年的利息有 1 千元左右。由此可见，同样是 5 万元，存的期限相同，但存款方式不同，3 年活期和 3 年定期的利息差距还是不小的。很多人都认为，存款的期限越长就越划算，其实不尽然。由于部分储户在存款时没有仔细考虑好资金使用的时间，而盲目地将手中余钱全部存作长期，在急需用钱时，迫不得已提前支取，这时便出现"存期越长，利息越亏"的现象。可见，熟练掌握、选择存款的种类非常重要。每个人应按各自不同的情况选择适合自己的存款期限和种类。

下面给大家推荐几种选择的方法：

1. 滚动存储法

在存钱的时候，你不妨开动一下脑筋。例如张盈每月拿出 1500 元存成一年期定期存款。这样，一年下来，她的手里正好有 12 张存单。此后若哪个月需要用钱，她只要支取当月到期的存款即可。如果不需用钱，可将到期的存款连同本息及新有的余钱接着转存一年定期。这种储蓄方法通常被称为"滚雪球"，它尤其适合工薪阶层操作，能够较大限度地发挥储蓄的灵活性。

2. 阶梯存储法

张女士和她的先生小有储蓄，参加了福利分房，有买房子的打算，但还没有付诸实施。她想一边看房子，一边把钱存起来，这时候应该如何获得最多的利息呢？假设她有存款本金 30 万元，可采取以下存款方式：办理 1、2、3 年期定期存款各 10 万元；将到期的 1 年期定期存款本息转存 3 年期；将到期的 2 年期定期存款本息转存 3 年期；将到期的 3 年期定期存款本息转存 3 年期。以后每年都将到期的存款连本带息转存 3 年期。这种阶梯存储法将保证张女士每年都有到期的存款可供支配，减少了将 30 万元全部投入 3 年期定期存款，因特殊原因办理部分提前支取所造成的利息损失。这种储蓄方式是一种中长期投资，也适用于筹备教育基金与婚嫁资金等。它可使年度储蓄到期额保持等量平衡，既能应对储蓄利率的调整，又可获取 3 年期存款的较高利息。

3. 分存储法

陈小姐已经拥有了相当数目的资金。这时候，存款的数额和期限应该相应分散。若她持有 10 万元，则可分存成 4 张定期存单，每张存单的资金额呈梯形状，以适应急需时不同的数额。如将 10 万元分别存成 1 万元、2 万元、3 万元、4 万元这 4 张一年期定期存单。此种存法，假如在 1 年内需要动用 1.5 万元，就只需支取 2 万元的存单。这样就可以避免 10 万元全部存在一起，需用小数额却不得不动用"大"存单的弊端，也就减少了不必要的利息损失。

4. 组合存储法

李莉现有 5 万元，先存入存本取息储蓄户。在一个月后，她取出存本取息储蓄的第一个月利息，再开设一个零存整取储蓄户。此后，她将每月的利息存入零存整取储蓄。这样不仅可以得到存本取息储蓄利息，而且其利息在存入零存整取储蓄后又获得了利息。这是一种存本取息与零存整取相组合的储蓄方法。

5. 自动转存法

各银行都推出了自动转存服务。在储蓄时，最好与银行约定转存。这样做，一方面可避免存款到期后不及时转存，逾期部分按活期计息的损失；另一方面是存款到期后不久，如遇利率下调，未约定自动转存的，再存时就要按下调后利率计息，而自动转存的，就能按下调前较高的利率计息。如果存款到期后遇到利率上调，你也可以取出钱后再存。在存款时，一定要看清存单的内容。比如有的存单没有"约转存期"的内容，背面的"注意事项"中写着"存单到期自动转期，复利计息"。有的存单则有"约转存期"的约定，而没有"自动转期"的内容。有些人在存款时忽视了这一细节，导致存单上"约转存期"的空白。有的存单既没有"约转存期"的约定，也没有"自动转期"的内容，那么，存款到期后，你就应及时去转期。此外，从定期存款的期限来看，选择1年期和3年期更划算。如果你选择了长期存款5年期，在利率调高时，便无法较快转存享受较高的利率，就要受到损失。而较短期的存款流动性强，到期后马上可以重新存入。你可以每月将家中余钱存1年定期或3年定期存款，使用"滚雪球"的存钱方法。总之，在参加储蓄时，只要能科学安排，合理配置，就可以获取较高的利息收入。

每月应将收入的一部分强制储蓄下来，当然存钱也是有学问的：在开始储蓄的时候，我们可以进行短期预存，诸如以3个月为周期的存款，这种存款方式比较适用那些单身、手头资金不多的上班族女性。

···

下篇
智商

———女人最持久的香气

高智商的女人尽显成功女性的魅力，成为女人中一道引人注目的风景线。高智商的女人，敢于挑战事业更高、更深的领域，给自己设定更新更高的人生目标；高智商的女人在自己事业做得很出色时，不咄咄逼人，给周围的人一种如沐春风的感觉。

第十一章

充实头脑：
你读书的厚度，
决定了你的人生高度

书籍是女人最佳的心灵保养品

　　读书可以使女人变得聪慧，读书可以增加生活的情趣，读书可以陶冶情操，读书更可以修身养性，读书的女人浑身都散发着一种优雅的气质和一种由内而外的美丽。读书的女人有一种独特的韵味，有一种不可抗拒的恬淡与平和，言谈举止里透出涵养、聪慧与贤德。她们对待生活的态度、对待事物的观点都和世俗女子有着天壤之别。

　　读书的女人笑容永远自信、慈爱、大度，为人处世宽容、理解，她们热爱自己的事业，呵护自己的家庭，尊重自己的亲朋好友；读书的女人懂得如何真实地爱，如何有品位地生活；读书的女人喜欢独处，懂得思考，享受命运带给她的种种体会，对寂寞有自己不同于常人的理解，勇于追求自己想要的，但明白淡泊以明志，宁静以致远的道理；读书的女人一定是一个身心健康的女人，对待生活积极乐观、心态豁达，在人生的困难和挫折面前，能气定神闲，想出百般对策，有着顽强的斗志和毅力。水的柔情、山的伟岸在她们的品性中全部体现。

　　在男人眼里，美丽的女人其实就是一本书，容颜是封面，智慧就是内文。清新淡雅或是华丽雍容的封面吸引了他们的眼睛，而令他们长久留恋的却是书中的内容。你若是一个爱读书的女人，将会更有"内容"，因为书中的知识让你淡定，让你宽容，让你明白人在最脆弱的时候需要什么，这些才让男人流连一生——你的智慧能为他指点迷津，又不会妨碍他的思考，如一把钥匙突然打开他尘封已久的思想，让他感到新鲜而放松，随时都能找到意外的惊喜；在他山穷水尽的时候，你总能给他柳暗花明；在他绞尽脑汁时，你总能为他排忧解难。你不过是一个平凡的女子，却能开导他、安慰他，不会在他低落的时候奚落他让他更难过，更不会在他骄傲时比他还耀武扬威。美丽的女人配上渊博的知识，让人回味和向往，让人真切地感受到女人味是一种深深的内涵，不是一朝一夕的伪装。女人的容貌即使再漂亮、保养得再好，也经不起岁月的磨砺；如果腹内空空，言辞虚浮，即使貌若天仙，珠光宝气，也会让人觉得庸俗。

　　女人读书，当然要读一本好书，一本对自己终生有益的书，一本让自己回味无穷的书。认真地去读一本书，并不代表一天到晚把书捧在手里生吞活剥，更不是草草浏览不求甚解，读书应该静下心来，从书中读出自己需要的聪明智慧。当然，书籍并没有性别，更没有种类

第十一章　充实头脑：你读书的厚度，决定了你的人生高度

的优势。文学、历史、哲学、戏剧、政治等类型的书，男人可以看女人也可以看，不过，对于读什么书，男女的喜好还是有一些不同的。

男人爱读强者成功史、历史兴衰、军事动态、营销策略等类型的书，而很多女人更偏爱一些文学作品。读什么样的书本来无可厚非，但是作为一个新时代的女性，也有必要读一些培育心灵、陶冶气质方面的书。很多女人不爱读晦涩难懂的哲理书、残酷的军事书、枯燥的营销书，她们天生感性，大多亲近文学，其实只要细心去体味，文学之中也不乏人生哲理、征战攻伐。

文学是一个窗口，女人可以通过它以审美的眼光来看待生活，中国传统文学和外国优秀文学都是很好的选择。诗歌是中国古典文学的精华，成就最高的唐诗宋词，都是精美绝伦的艺术珍品，值得用一生去读。欣赏它们，要反复阅读，才能真正体味到其中的精妙。山水诗的清丽脱俗，田园诗的怡然恬淡，边塞诗的雄浑壮阔，李白诗的飘逸瑰丽，杜甫诗的沉郁顿挫……都能深深地影响人的心灵。相比之下，词更适合女人的品位，诗庄词媚，词所表达的意境与感觉的精妙，往往和女人的多愁善感相关。李清照、朱淑贞都是女性，她们的词作可以说是妇女文学的代表之作，遣词造句的精妙和欲言还休的含蓄，令人常读常新。诗词的简洁与细腻，与女人的气质神韵相近相通，而其中所蕴藏的丰富内涵，常读诗词是迅速提升女人心智的快捷方式。无论中外，文学作品的好处在于感同身受的经历，每一本书，每一个故事，都是一段感人肺腑、荡气回肠的歌。

对于女人来说，心灵的丰富需要人生的经历，但是现代生活不能给她太多经历的机会。因此，阅读，尤其是读那倾情演绎人世悲欢的文学名著，可以在最短的时间里，跟随书中人物走完一生。别人的故事，能够帮助我们领悟人生，丰富情感。当然，只读一类书可能太过单调，就如同只吃一种食物可能会营养不良一样，聪明的女人还应该多读读其他种类的书，哲学可以让你学会思辨，艺术可以让你提高品位……

　　读书给人以乐趣，给人以光彩，给人以才干。读书会让女人知事明理，让人感受到一种淡淡的芳香，即使素面朝天，即使容颜老去，依然有着普通女子不可比拟的内涵。毕竟，美貌会流逝，但智慧会长存。

扩大阅读视野，不要局限于某个方面

爱读书的人都知道，如果一个人只对自己感兴趣的某一方面知识情有独钟，孜孜不倦，那他可能成为这方面的专家；如果一个人学有所长，又触类旁通，博采众长，涉猎多方面的知识领域，那他就会成为一个通才、一个学养深厚的"大家"。

毋庸讳言，一些原因使得女性的阅读视野比男性狭窄。许多人对具体的工作和生活指导读物感兴趣，而对更加宽泛的多领域知识读物涉猎较少。这是女性应该意识到的一个偏颇取向，也是应进行自我调整的一个关键方面。这个世界是丰富多彩、五光十色的，如果我们放弃对它的全面了解和欣赏，那才是人生的一大憾事呢！

这里说的"多读书"，指的是读多方面、多领域的书籍。在一个人的学习生涯里，多数人会选择一科或几科专业课去集中学习。这样的学习模式让一个人增长了专业知识，却也削弱了一个人在多方面知识领域的投入，这是令人痛惜的，也是令人遗憾的。因为，无论是天文地理、诸子百家，还是数理生化、琴棋书画，没有哪一科、哪一门知识不是中华文明的积淀和人类智慧的结晶，这是弥足珍贵的精神财富，是一个人成长过程中应该拥有的。

从另一个角度看，无论是工作需要，还是生活需求，对知识丰富性的需求都是没有止境的。你很难想象一个孤陋寡闻的"跛脚"专家，会把自己的本职工作干得多么出色。相反，一个刚刚起步的初来乍到者，完全可能由于丰富的知识积累和融汇贯通而有助于业务能力的成长，迅速成为可以独当一面的行家里手。

在今天竞争激烈的多元社会里，你不仅需要掌握专业技术和相关知识，还需要了解社会的多种常识，比如经营管理、统筹安排、人际沟通、礼仪要领等。这些你是很难一下子从课堂上学到的，要掌握它只有一个来源，那就是多读书。在今天，假如你不适时地更新和补充新知识，还停留在大学时代狭小的知识框架里，你就会慢慢落伍，被时代所淘汰。对于已经工作的人来说，像说外语、学电脑、用手机，这都是从前没有要求的，如果你不迅速跟进，就不能快速地捕捉信息，就不能真正地融入时代，更谈不上成功了。

最后，你可能已经体悟到，读书除了充实知识量之外，它还有愉悦身心的特殊功能。爱读书的人都有这样的体会：忙碌过后的假日里，在静寂的夜晚秉烛夜读的时候，你的神经会最大限度地放松，你的心绪会远离纷扰变得宁静。因为你可能是在与哲人对话，你可能是在倾听先圣的教诲，在他们的引领下，你的思想会展开双翅，向着高处、向着远方翱翔……阅读是幸福的、快乐的；阅读是从容的、自由的。

智慧是一种女人需要学习的永恒的哲学，一个女人因拥有智慧而让自己单薄的气质变得厚重起来，一个女人也因智慧的存在而让自己变得更加引人注目。她们谈吐不俗，气质超人，即使是在人头攒动的大街小巷也会显出一种与众不同的魅力。

在思考中，获取幸福的秘方

在男人的眼里，女人都是感性的、不善于思考的，上帝创造她们就是为了柔化这个世界的棱角，弥补男人的粗犷和理智。然而事实上，社会上确实存在着做事善于思考的女人——她们的智商通常比较高，她们拒绝盲目，做每一件事都要从头到尾理出一个头绪来。她们不仅会考虑自己，还会考虑别人，面面俱到，她们是这个世界上优秀女人的代表。

聪明的女人是睿智的，这种睿智体现在她的思考能力上。因为早就有人说：聪明的人应该是七分思考。会思考的女人是一个成熟的女人，她对待任何事物都很理智。聪明的女人让自己学会思考，她会在注定让自己受伤的爱情开始之前微笑着转身离去；聪明的女人善于思考，不会让自己爱上错误的男人。而有些感性的女人却不善于思考，任凭自己陷入错误的爱情，承受那本不该有的痛苦，但这对她们是必需的过程，伤过心、流过泪之后，她们就会慢慢学会思考、懂得理智地面对问题。

当置身于女人堆里的时候，你会发现她们大体上可以分为两种人：一种是不假思索就贸然行动的，这样的人乍看上去似乎是敏捷的，实际上往往是盲目的；另一种人貌似愚钝，表现为遇事不急于做出回应，而是经过思索后再做决断，这种经过思考后的行动经常是正确的，是切中要害的。两种人之中，显然后一种人的做法更加理性，更善于思考，也更容易接近事物的本质。思考，能为女人赢得机会；思考，能为女人赢得幸福；思考，更能为女人赢得成功。思考的女人永远不会陷入被动的泥潭中，她们无论对人对事，都会经过自己的分析，你的游说丝毫影响不了她们的决定。

人的思考也可以分为两种：一种是遇事需要迅速做出决断时，需要调动起全部思维能力，紧张而敏锐地快速思考并做出回应，解决问题；另一种是平时就喜欢思考问题，碰到问题总是要搞清为什么，久而久之，了解的知识多了，明白的道理也就多了起来，遇事自然不慌，这就是善于思考者的胸有成竹。生活中，我们也常能看到这样的事，有的人不太喜欢思考，遇事听别人的或者干脆随大流，一旦吃了亏，就只能自认倒霉了。其实，一个人只有用自己的头脑去思考和解决自己的问题才是上策，懒得思考迟早是要吃大亏的。聪明的女人早就明白了这个道理，所以她们遇事总是多加思索，然后再行动。

世界上有许多令人钦佩的思想者，他们以善于思考而蜚声世界，为后人留下了宝贵的精神财富。在众多思想者中，并不缺少女性的身影，例如法国当代作家西蒙娜·波伏娃就是这样一位女性思想者。她独立思考，潜心写作，终于完成了被誉为"全世界女性的圣经"的《第二性》一书，在人类历史上首次以非男性的视角全面系统地讨论了女性的人生之路，让全世界的女性认清了自身的历史、现状与未来。又如英国著名女作家夏洛蒂·勃朗特。她在代表作《简·爱》中，塑造了一位具有独立精神又善于思考的女主人公形象。作品从问世至今感动了一代又一代的女性读者，成为世界文学宝库中的不朽篇章。这是一部杰出的文学作品，也是女作家善于思考，追求独立的精神世界的写照，是女性向往自由、平等的追求凝结而成的思想之花。

事实告诉我们，思考是不分性别、没有高低贵贱的。这个世界是男女两性的共同家园，女性的思考从来也没有淡出人类思想的圣坛。因此，女性朋友不该妄自菲薄，要学会用自己的头脑思考，然后再开始行动。思想之花从来都是最鲜艳夺目的，那就让它常伴女性的美丽人生吧！会思考的女人通常都是有过经历的女人，不要认为她们没有疯狂过，那不过是暴风雨后的平静；会思考的女人，会让男性更欣赏她们。

聪明的女人，你可以不写诗、不绘画、不学习、不看电视，但你不能不看书、不思考。看书、思考可以使女人在一无所有的时候还有精神，可以在你生活乏味、缺少期望的时候充满激情。

你的领悟能力也能通过后天提升

　　人们在评论一个女人是否聪明时，常常会说，她的悟性很高。这其实是说她的领悟力和敏捷度十分出众。一个人的悟性如何，很大程度上取决于她的思维能力与判断能力，这也是她智商高低的表现。那么，悟性是先天的还是后天的？悟性可以培养出来吗？毫无疑问，悟性不是先天的，是能够培养锻炼出来的。

　　我们总会发现，当我们在工作或生活中碰到一件棘手的问题时，有的人会绕着问题走，拣轻松的方式逃避开；有的人则知难而进，迎着困难上，努力寻求解决问题的答案。久而久之，逃避者和进取者自然分野：一个几乎是停留在原地没什么长进；另一个经过多次锤炼提高了独立解决问题的能力，很快就把自己造就成悟性很高的综合型人才了。

　　悟性首先来自智慧。很难设想，一个孤陋寡闻、胸无点墨的女人会有很高的悟性。而一个爱学习、肯动脑、敏于行的女人则会具有超出常人的悟性。因此，我们平时应该多读书，多思考，不断地汲取知识，让自己的头脑充实起来，智慧自然从中产生，悟性就有了根基。悟性又是从行动中汲取营养的。

　　一个人再聪明，再善思，如果不去动手实践，那只是纸上谈兵，不会有任何收获和进步。一个人只有从具体的工作和生活实践中，从不断地处理解决每一件小事中锻炼自己和总结经验，才能让自己真正变得聪明和成熟起来，这应该是悟性得以成长的阳光雨露。

悟性更是一个女人综合素质的体现。说一个人悟性强，绝不只是说她聪明，也不只是说她能干，而是说她具有多方面的优点，又恰到好处地将众多优良品质进行综合运用，例如她应该是文化素养高的智慧女性，她应该是勤于思考的聪明女人，她应该是能够敏捷处事的行动女人，她应该是善于将多种优势融于一身的综合型人才，她更应该是能够不断总结经验、修正自身、迅速成长的成熟型女人。

悟性是聪明智慧，悟性是毅然坚忍，悟性是明察秋毫，悟性是果敢速断……现在，你已经明白了悟性来自何处。那么，想让自己成为一位聪颖、敏锐的女人，你一定已经知道该从何做起，怎样提升和丰富自己。

有悟性的女人既有灵性，也有弹性。灵性是心灵的理解力，是一种直觉，有灵性的女人善解人意，善悟事物的真谛；而弹性则是性格的张力，有弹性的女人心思灵巧，心灵聪慧，有极强的领悟力，容易沟通和交流。

第十二章

彰显气质：
你的气质里藏着你的灵魂

所谓气质高雅，就是要有修养

　　在人际交往中，根据交往的深浅程度，我们对人的印象可以分为3个层次：对于那些只知其名未曾见面的人来说，对他的印象主要与他的名字相关；对于初次相见只有一面之交的人来说，对他的印象主要和他的相貌、仪表、风度举止相关；对于那些相知相交很深的人来说，对他的印象更多的是与他的品行、文化、才能有关。因此，作为一个女人，不仅仅需要懂得依靠漂亮的五官、健美的身段及得体的服饰等这些表象的东西展示自己，更要会以优雅的举止、熟练的礼仪作为手段，对自身的形象精心设计，展示自己充满魅力的女性风采。因为只有二者的结合才能使人更有教养和风度。

　　一个天生丽质、貌若天仙的女人，如果她整日浓妆艳抹，全身佩戴名贵饰品，充其量人们只会承认她阔绰，但决不会称道她的"品位"。而一个女人如果讲究礼貌、仪表整洁、尊老敬贤、助人为乐等，一言一行与礼仪规范相吻合，人们定会为她的教养与风度所折服。一个行为有度的女人，会让他人觉得舒服；而一个谈吐不俗的女人，更会让他人如沐春风。这些良好的感觉不是建立在一个人的着装如何名贵华丽上的，它完全源自于一个女人对待他人、他物的态度。

如果一个女人只是金玉其外却胸无点墨，那就只是个绣花枕头。这样的女人也许可以给人留下一个美好的第一印象，但却无法将这种好印象持续下去，甚至可能在开口的一瞬间就将它破坏殆尽。一个女人有很好的外在形象，又举止文雅，言行得体，这样才能赢得每个人的赞许。

我们经常会听到一些女人抱怨生活有很多不幸，男人多么可恶和无情，很少有女人会反省自己的问题。当疲惫了一天的男人回家后，看到一个邋邋遢遢的爱人，那些恋爱时期的心情还可能存在吗？其实，无论是银幕上还是在真实的生活中，让人着迷的往往不是漂亮的女人，而是那些举止优雅、懂礼仪、有教养的女人。讲究礼仪修养的女人才会具有高贵的气质，温柔典雅的女性才能散发妩媚迷人的气息，彬彬有礼的女人能使自身的美焕发出一种特殊的力量，而这一切是雅致、谐和、仁爱的总汇。一个女人的魅力，包括了她日常生活的全部，一举手、一投足、一颦一笑都以仪表和仪态的形式表现着。为什么漂亮的女人随处可见，而举止优雅、姿态万千的女人却很难看到呢？那是因为美貌可以借助美容和外科手术刀速成，而礼仪素养的培养需要用一生去坚持。

今天这个社会，什么都被"加速度"，而女人们却不能没有这份耐心去修养、修炼。从现在开始，学习做一个懂礼仪、有修养的女人，并养成习惯。要提醒你的是，礼仪不是用形式，而是好好用心。

气质之美与其说是来自内心的修养，不如说它是来自一种对美好事物的欣赏能力，这份欣赏力可使一个人的言谈举止不同流俗。

你的优雅，就是你的魅力点

每个女人都有两个"版本"，精装本和平装本，前者是在职场、社交场合给别人看的，浓妆艳抹，光彩照人；后者是在家里给最爱的人看的，换上家常服、睡衣，不修饰打扮。婚姻中的丈夫往往只能看到妻子的平装本和别的女人的精装本。

最近的一项调查表明，当被问及什么样的女人才是最富魅力时，"优雅"竟以绝对优势击败了"妩媚""性感""风情"……魅力的形成是后天可以装饰出来的，而内容需要积累，那是一种神韵与情致的结合。女人的魅力就是女人智慧的体现，是对自身的定位，对自己生存状态的洞察力、分析力和对人生的领悟。

对于女人来说，优雅的气质远比长相重要得多。优雅，是形容女人气质好的常用词汇。优雅，从字面上理解即高尚、不粗俗之意，从另一个角度去理解有出类拔萃之意。如果要问优雅究竟为何物？它应该是一种气质，一种脱俗、高贵气质的体现。美丽的容貌如同一朵花，总会有凋零之时。而人的气质所带来的美感是与日俱增的，它不会因时间的流逝而荡然无存，它总是随时随地自然地流露出来，往往具有永久的魅力。许多女人并不是天生丽质，但在她们身上洋溢着高贵的气质：聪明、洒脱、敏锐，这才是一种真正的美，一种和谐的美，一种优雅的美。气质美有很多种，但最主要的是高贵、典雅。少女天使般的形象让人感到赏心悦目、轻松，而淑女高贵、典雅的气质却摄人心魄，能让男人倾倒。

有人曾把中国女人与巴黎女人做了个比较。在中国，很多女人从外表形象一看就知道她们是疏于装扮自己的，只是简单地洗了把脸，很少精心修饰。而走在巴黎的大街上，好像每一个法国女人都是那么优雅和惊艳。你会奇怪地发现，她们的脸并不是最吸引你的，你甚至不会太多地注意她的脸，吸引你的是她们的身型、发型和服饰，还有优雅的步态、迷人的举止，还有飘然而过的淡香气味。每一位女人都希望自己有优雅的风度，因为优雅的风度能给人留下美好的印象，优雅的风度折射出的光辉最富于理性和感染力。一个女人可以没有华丽的服饰打扮自己，可以没有美丽的容貌，但一定不能缺少优雅的风度。反过来说，一位具有优雅风度的女人，必然富于持久的迷人魅力。

女人的风度神韵之美是充实的内心世界、质朴心灵的真挚表现，会产生有形或无形的强烈感染力。风度美要求有潇洒的身形和质朴的心灵做载体。质朴，是一种自我认识、自我评价的客观态度，质朴的女人，总是善于恰如其分地选择表达自身风情和韵致的外在形态，使人产生可信的感受，她们就是她们自己，她们不试图借助他人的影子来炫耀自己、美化自己。所以，她们的风度之美，往往是一种质朴之美。真挚，是一种诚实、真实、踏实的生活态度。她们对人对事不虚伪，不狡诈，又肯于给人以诚信。真挚的女人，对自己的风度之美既不掩饰也不虚饰，对他人的风度既不嫉妒也不贬斥，而是泰然处之，使人感受到一种真正的潇洒之美。因此，想要保持和展示自己的风度之美，就得简化你的语言和举止，否则，会使风度之美从你身边悄悄溜走。

风度美是高层次的美，它使人精神振奋，动人心魄；它令人敬慕，终生难忘；它唤醒美的意识，认识人的尊严；它是生活的灵秀，心神的凝聚。优雅的风度是内在的素质形之于外表的动人举止。这里所说的举止是指工作和生活中的言谈、行为、姿态、作风和表情。优雅的风度源自何处？它固然与姿态、言行有着直接的关系，但这些只是表面的东西，是风度的流而不是源。仅仅在风度的外在形式上下工夫，盲目效仿别人的谈吐、举止及表情的话，只能给人留下浅薄的印象。

实际上，优雅的风度来源于你所具有的知识和才干。优雅的风度需要一个强有力的后盾支撑着它，这个强有力的后盾就是丰富的知识和才干。风趣的语言、宽和的为人、得体的装扮、洒脱的举止等，这些无不体现一个人内在的良好素质。然而，真正能熟练运用语言，还有赖于智力的提高。当你的智力在敏捷性、灵活性、深刻性、独创性和批判性等方面得到了提升，你在知觉、表象、记忆、思维等各方面的能力就能得到提高，加之你拥有的涵养，那么，优雅的风度就自然而然地为你所拥有了。

一个女人可以有用华丽服装装扮的魅力，可以有姿容美丽的魅力，也可以有仪态万方的魅力，但却不一定有优雅的风度。任何一个女人都想成为能说会道，能把事情做得漂亮，积极生活并获得幸福的女性。有没有社交能力、办事水平，主要表现在能否把握说话尺度和办事分寸上。恰当的说话尺度和适宜的办事分寸是女人获得社会认同、上司赏识、下属拥戴、同事和朋友喜欢、恋人喜爱的最有效的手段。

生活中，能够成为优雅的女人应该是女人一生中的最高境界。那由内而外散发出的优雅气质足以迷住身边的每一个人，包括那些善妒的女人。

你的独特气质，才是你的最佳名片

　　每个人都有不同于他人的一面，这一面发展好了就是个性。女人应该试着培养、了解自己的特质，彰显自己的个性，并且最大限度地发挥它。开朗的女性会用干练的语言树立形象，温柔的女性能用文静的低语打动他人心扉，博学的女性使用智慧的话语彰显气质……所有这些，都是女人具有自身性格特点的别样气质。

　　所谓的个性就是一个人独有的品位和气质。譬如一个女人遇到任何事情都能坦荡大方，都相信自己能够解决好；有些女人遇到紧要的事就会手忙脚乱，不知该怎么办。相比之下，前一种女人就具有个性魅力。同样，有的女人看上去美若天仙，但就是缺少那么一点文化品位，只能是肤浅地说话做事，让人觉得缺少内涵；相反，如果具有个性和品位，你就能恰如其分地表现自己，感染他人，用你的言行举止让自己融入到集体这个世界中。因此，没有个性的女人，不可能成为一名真正的漂亮佳人。但是很多女人都不自信，她们渴望成为她们所崇拜的人，成为自己所仰慕的人，这种念头长久地困扰着她们，由于不能成为这样的人让她们痛苦不堪。而实际上，我们每个人的个性、形象和人格都有其相应的潜在创造性，我们完全没有必要去仰慕和崇拜其他人，因为在你仰慕或崇拜其他人的同时，也有很多人正在仰慕或崇拜你。

没有哪个女性天生就拥有比其他人更耀眼的光芒，每个女性都必须学习如何塑造自己的形象。这个形象可以是某种个性化的穿着打扮，或是让人们津津乐道的生活轶事，或是由内而外折射出的性格气质，而这其中，没有比充满个性的语言风格更能吸引人们去关注和了解自己。用语言表达自己的特质，远比外表和轶闻要深刻得多。

个性不是一朝一夕形成的，它是从儿童时期开始，不断受到环境的影响、教育的熏陶，经过人自身的实践长期塑造而成的。个性有一定的稳定性，但不是一成不变的，生活中经历的重大事情往往给个性打上深深的烙印，环境和实践的重大转折变化也会在很大程度上改变一个人的性格。塑造自己鲜明的个性，应当：一是客观地了解自己；二是从自己的能力出发，完善自己的性格，增强自我控制能力；三是不要轻易改变自己性格中的主导方面，要保持一定的风格；四是同自己周围的环境有一种比较协调的关系，既不随波逐流，也不孤芳自赏。

一旦成为众目睽睽之下的焦点，就必须不断地调整自己，保持新鲜感与持续的魅力，这是至关重要的。为了让更多的人关注你，必须竭力展示出自己的个性，让别人觉得你是一个与众不同的人物。

知性的女人，自带高贵气息

　　一个真正的"知性"女人，不仅能征服男人，也能征服女人。因为她身上既有人格的魅力，又有女性的吸引力，更有感人的影响力。知性女人，如同周敦颐在《爱莲说》中所描绘的莲一般，中通外直，不蔓不枝，香远益清，亭亭静植，可远观而不可亵玩焉。知性女人不是压群艳、傲百花的牡丹，不是空守幽谷的山中木樨，而是携着矜贵香氛的精致白莲花。她们衣着素净，纯天然面料的衣服是她们的首选，不盲从潮流。客厅中的花不会等到枯萎才换，要么是干花，要么就是随心情常换的鲜花，如熏衣草、丁香、栀子之类，不喧不闹，但绝对清新宜人，这是贴近自我灵魂的行为之一。这些女人身上散发出一种知性的魅力，聪明却不张狂，典雅却不孤傲，内敛却不失风趣。

　　女人的知性美是她们身上的一轮光华，不炫目，不耀眼，其光若玉，温润、莹透、可感、可品、可携。在汉语词典中，知性的定义是："具备知识和理性等特质。"知性除了标志一个女人所受的教育以外，其实还有一层更深刻的意义，应该是女人特有的一种聪慧，它源于女人所受的教育和其成长环境，可又并非是看上去文静的女人就都可以被称之为知性的。知性必然是一种积累，是知识的积累和生活的积累。其实，知识只是知性的一个基础。有很多女性朋友，她们大部分都受过高等教育，而其中真正可以称为知性的却寥寥无几。女人就像一本书，有的有着深刻的内涵，有的只是儿童读物。女人身上的知性带给她们一种相对平静但余味更久远的魅力。和她们在一起，你可以享受到人与人之间最原始的那种如冬日阳光一样的温暖、轻松、雅致、自我、明智、舒畅，和她们待上一个下午，你一定能获得希望和力量。

知性女人的定位，展现了都市女性应有的形象：有知识、有品位、有属于女性的情怀和美丽。知性女人可以没有羞花闭月、沉鱼落雁的容貌，但她一定有优雅的举止和精致的生活。知性女人也许没有魔鬼

身材、轻盈体态，但她重视健康、珍爱生命。知性女人兴趣广泛，精力充沛，保留着好奇的童心。知性女人有理性，也有更多的浪漫气质，春天里的一缕清风，书本上的几个精美词句，都会给她带来满怀的温柔。

知性女人经历了一些人生的风雨，因而也懂得包容与期待……知性女人像一杯清茶，散发着感性的芬芳。知性女人关注时尚，打扮得体，气质优雅；知性女人内心浪漫，强调个性，对世界充满爱心和好奇；知性女人独立进取，智慧、坚强，努力追求自我价值的实现；知性女

人还懂得给男人空间，深谙风筝和丝线的关系，不动声色地把男人的心拴得更牢。她们有清新淡雅的面容，妩媚温婉的回眸，顾盼生辉的举手投足。她们收放自如，将女人的魅力发挥到极致。知性女人是一种涵养、一种学识、一种花样魅力的象征，时间在她们身上只是弹了一个巧妙而圆润的跳音，让其出落得更加魅力动人。

知性女人是具有大家风范的，知性会让女人浑身上下散发出柔和淡雅的知性之美，知性会让女人的品位更高。泡图书馆，听音乐会，参观名画展，进行一些民间文艺考察，参与一些文化活动……都可以不知不觉中提高灵性，让你流露出一种知性之美。如果这样不断地去充实自己，人们会发现一个一天更比一天睿智、一天更比一天高雅的你。上天总是公平的，在关上一扇门的同时总会为世人打开另一扇窗子。知性女人由内而外散发出来的气质与风情，是经过岁月洗练沉淀下来的智慧与精华。

知性是女性的智能，它是和肉体相融合的精神，是荡漾在意识与无意识间的直觉，是包含着深刻理念的感性。知性女人以她的那种单纯的深刻令人感到无限韵味与魅力。

第十二章 彰显气质：你的气质里藏着你的灵魂

第十三章

获取成就：

　　在事业的舞台上，

　　展现最美的姿态

创业带给女人成就感

不得不承认，现代女性赶上了一个好时代。面对遍地的机会，越来越多千娇百媚的女人也像男人一样有着强烈的创业精神，并因此拥有了一份属于自己的事业，开创了一片自己的天地。创业，给女人罩上了一道迷人的光环。

其实在赚钱方面，如果不是由于女人承担着过多的家务劳动，女人是比男人有着更多优势的，这一点已经被社会心理学家所确认。据研究人员分析，女性在经商赚钱方面相对于男性有 8 大优势：

1. 女性在语言表达和词汇积累方面比男性强，女性口齿伶俐，而这正是生意人必备的条件之一。

2. 女性在听觉、色彩、声音等方面的敏感度比男性高 40% 左右，在竞争激烈、信息多变的生意场上，这也是成功者必须具备的良好素质之一。

3. 有人说："生意是一种高水平的数字游戏。"女性的记忆力尤其是短期记忆力远远强于男性，在精打细算方面女性往往比男性强得多，这又为女性做好生意奠定了基础。

4. 相比之下，女性比男性更富于坚持性。比如在同样情况下对某一件事情，女人很难改变自己的观点，男性则相反，很容易放弃自己原先的想法。这说明，女性更接近于具备现代企业家的良好素质要求。

5. 女性的发散思维能力优于男性，她们对某件事进行思维决断时，常常会设想出多种结果。而男性则习惯于沿袭一种思路想下去。发散思维能力，恰恰是新产品开发、企业形象设计等方面所要求的。

6. 女人的直觉能力比男人准确。女人似乎有一种先天赋予的特性，她们对某些事、某个人常常不用逻辑推理，单凭直觉就能准确看透，而男性在这方面则望尘莫及，这就为女性在生意场中及时捕捉机遇提供了有利条件。

7. 女性比男性有更大的忍耐性。同样情况下，遇到同一问题，女性往往更有耐心，而男性则常常急不可待。生意人没有耐心是很难做好生意的。

8. 女性的操作能力和协调能力都比男性强。在如今科技高度发达的信息时代，各行各业都在越来越多地使用易于操作的电子化设备，女性在寻找工作方面开始显示出比男性更大的优越性。所以有人说："工业时代劳动者的典型形象是男性，在信息时代工作的典型形象应当是女性。"随着历史的发展，此话的真实性将得到越来越多的验证。

尽管有这么多优势，但女人毕竟是女人，在那些创业丽人的辉煌背后，几乎都有着万千黯然的失败痛楚。收益与风险成正比，你准备好了吗？创办自己的企业可能会带来非常诱人的回报。不过，在你决定辞职做老板之前，还应仔细思量。做个领薪水的职员还是自己当老板这一问题，不能简单地分出孰优孰劣。因为角色不同，所承担的责任与义务也不同，很难说哪一种更好，关键是要适合自己。

无论何种行业，都需要掌握好专门的知识和拥有满腔的热情。只要你选定了自己有优势的行业，凭你的美丽、智慧和能力，开创一片属于自己的天地就不再只是梦想！

"她"时代到来，职场就是你的舞台

　　"女子无才便是德"是古时人们赋予女人的根本标识，"相夫教子"是女人一生最主要的任务。这一时期的女人并不能称为一个独立的个体，她们没有独立的思想，没有独立的行为，没有独立的生存资本，她的一切须听从男人的指挥，需要在那个时代里卑微地活着。时光的年轮走到现在，这种旧认知早就被抛弃了，但一些女人似乎还停留在"女人要依赖男人"的思想中，不管她年轻时有多野心勃勃，一旦步入婚姻，有了家庭，也大多本着"相夫教子"的方向找一个稳稳当当的工作，甚至干脆放下自己坚持已久的职业，做起了"全职太太"。殊不知，现行社会中，职场里并不乏那些家庭事业双丰收的女老板；谈判桌上也不缺少雷厉风行的女强人；商海中更不乏精明能干的女企业家。今时不同以往，女性在职场中的作用愈来愈大，女性在高层领导中所占比例越来越多，"她"时代已然到来，作为其中的一个成员，你必须要抓住这个机会，把职场变为自己的舞台，让人生大放异彩。

　　2016 年热播的电视剧《欢乐颂》，五个女孩把职场生涯演绎得淋漓尽致：曲筱绡的出身虽然含着金汤匙，但后来她凭借自己的努力把小公司经营得风生水起；安迪出身孤儿院，但她并没有受出身影响，打拼出了自己的高质量生活，靠着智慧、沉着、冷静成为一名华尔街精英，后被好友老谭重金挖走，成为老谭公司的骨干；邱莹莹初入职场，被"白渣男"迷得神魂颠倒，害得自己丢了工作，幸好后来自立自强，进入一家咖啡专卖店，还把网上店铺做得有声有色；樊胜美是人事专员，"职场油条"，因此也一直未得晋升。幸好她最后反省过来，辞了安逸的工作，重新挑战自己；关雎尔性子温顺，在职场中尽心尽力，最后过了实习期，成为大公司的一名正式的白领……

除了前期为家庭所累的樊胜美外，其他四个女孩都有着独立的思想、人格以及生存资本：她们勇于面对职场中的任何困难，敢于在"资深企业家"面前亮剑；她们不攀附任何人，以自己的能力和勤劳，在职场站稳了脚跟。现实生活中，没有几个人是富二代，没有几个人是生来就含着金汤匙的。不管是古时还是现今，女人唯一的出路都是自食其力、自立自强。女人可以像男人一样，在职场上拼搏，去证明自己的实力。即便你没有曲筱绡的身世，没有名牌大学的出身，但你依然可以用你的能力和实践经验去征服企业高层，挣得自己的一片天地。

所以，女性，请不要妄自菲薄。如若你足够优秀，足够有能力，那么就请放下你心中的顾忌，你就有可能成为像安迪那般的职场精英。不要羡慕别人家的法拉利，不要羡慕别人家能赚钱的老公，你所羡慕的这些都有失去的一天，但"你"永远不会抛弃你自己。把自己经营到最好，才是你对这一生做出的最好答复。别再顾及，现在立刻行动，"她"时代已经到来，难道你还甘心围着"灶台"？

认真对待工作，就是认真对待未来

"工作也许不如爱情来得让你心跳，但至少能保证你有饭吃，有房子住，而不确定的爱情给不了这些。"这是现在颇为流行的一句话，事实也是如此，尤其是现代女性，很少有人甘愿当个全职太太。但是，很多女人并不能正确对待自己的工作，因为她们的心思没有完全用在工作上，她们也许在想着晚上吃什么，男朋友什么时候来接她下班等，这样一来自然在工作中就感觉不到多少乐趣，更别提在事业上能有所建树了，公司只不过是她打发无聊时间的场所而已。

也许你家庭富裕，也许你认为自己没有这个工作一样活得很好，因为你的老公能养活你。那你就错了。你的依赖只会让男人感到一时的怜惜，时间长了他就会觉得压力很大，而且你的父母也会因为你经济上的不独立而担心你的另一半会对你不好，或很难得到他的尊敬。

其实，在这个社会中，事业心强的女人更容易受到男人的尊敬，而且可以让女人少点对别人的依赖感，加强自己的独立性，拥有自己那片闪亮的天空。单身女性还有可能在自己喜欢的岗位上遇到白马王子。

小云大学刚毕业，到一家软件公司上班，每天很轻松。但她不像别的女孩那样拿着不菲的薪水购物、泡吧，而是一有时间就给自己充电，每天都要记工作日记。公司的男主管是一个大家私下里经常议论的帅哥。一次，他的电脑程序出了问题，没有人明白，因为这是他们专业外的问题，而小云只点了几个键就解决了这个问题。从此这位帅哥就注意到她了，发现她对待自己的工作如此认真和一丝不苟，经常一个人在那里研究，觉得她很可爱。久而久之，对她的感情由钦佩转为喜欢，小云不仅事业进步，爱情也获丰收。

理性地工作还可以让你的思维变得灵活，同时扩展你的社交圈，让你的生活不再仅仅是围绕着老公和孩子转。但不是说你就要没日没夜地加班，完全不顾家，那老公也会有意见的。因此，平衡好家庭和工作的关系是最重要的。这个世界并不只是男人的天下，其实女人天生心思细腻，有些工作比男人更适合。只要在上班的时候倾注自己全部的精力，把自己的本职工作做得更完美、更迅速、更正确、更专注就可以了。

在这个社会上，事业心强的女人更容易受到男人的尊敬。女人如果少点对别人的依赖感，加强自己的独立性，就可拥有自己那片闪亮的天空。

"秀"出自己，获得晋升机会

如何在茫茫人海中脱颖而出？如何在办公室复杂的人际关系中游刃有余地生存？女人们应该拥有自己独特的个性，而以下这6个方面的特质正是办公室里成功的女性必须拥有的，它们可助你获得职场升迁：

1.清楚自己的定位。女性要在职场上担任要职，一定是很早就已经有"我要在职场闯出一番成就"的决心。她们不会有"等哪一天出现一个白马王子救我脱离苦海"的天真想法。

2.勇于提出要求。你的主管不会主动关注你的需求，为你一步步规划好升迁之路。如果你有很强的升迁欲，最好主动让主管知道。除了直接向主管反映你在工作上发展的期望，还有一些方式可以让主管察觉到你对事业的追求。

3.敢于踊跃发言。在一些以男性占多数的职场中，女性的意见往往会被淹没，让她们成为"没有声音的人"。成功女性勇于发表意见，有条理地陈述意见，并且言之有物，自然能表现出权威感，也较能在同事中突显出来。

4.懂得推销自己。在职场上，自我营销是绝对有必要的。在众多同事中，如何让老板发现你的升迁欲和专业能力，需要有一些主动的作为。成功女性即使主管没有要求，也会定期向主管报告工作进度。

5.成功女性懂得边做边学。与男性相比，女性往往容易退缩，而想成功的女性不应该错过任何表现的机会。即使你对一件工作不是完全熟悉，也应边做边学，即使做错，也可从中得到宝贵的经验。

6.要求授权，担起责任。在职场上，老板最喜欢的员工，是可以放心授权的"将才"，而不是畏畏缩缩、无法担起大任的小兵。成功女性勇于接下大家都觉得棘手的项目，借着这些工作的洗礼，积累职场经验，并且激发自己的潜能。"不怕没运气，只怕没方法"——找对方法，你会发现女性成功更容易。

作为职场女性，要想获得晋升，必须要敢于"秀"自己。千万不要认为你的默默无闻会走进老板的视野，也不要认为只要老老实实工作就能够得到晋升机会，这只是一厢情愿的想法。实际上，每一个老板几乎都是一个近视眼，一些老老实实、犹如静物的员工反而不容易走进他们的视线。所以，除非你打算一条冷板凳坐到底，否则就应该"亮"出自己，不仅要圆满完成工作，还要让他人看到自己的努力，以便获得晋升机会。

别让性别阻碍你的晋升

作为职业女性，你有没有想过为什么在职场中，男性扮演的角色通常会比女性重要？为什么在同等条件下，职场会更青睐男性而不是女性呢？为什么自己在职场打拼了这么多年，却总是得不到提升呢？

原因当然是多方面的。大家可能都知道，很多时候女性在职场上会受到不公平待遇。从一开始找工作，多数用人单位对女性提出的要求就会非常高，处在相同水平上，公司可能就会录用男性。女性必须要比男性优秀，胜出的把握才大些。进入公司后，很多条件对女性不利，有时候并不是你的业绩好就能得到较高的回报。多数女性在工作经历中，隐约感觉到自己与男性是不同的，感觉到不被群体接受。

面对职场的性别歧视，女性朋友们该如何对待呢？其实，女性跟男性相比，具有很多与生俱来的优势。因为在强调团队合作的情况下，女性比男性具有更高水平的交往技巧。因此，职业女性可以利用自己的这种能力，在工作中更加充分地发挥自己的特长。改变一个人的固有观念也许很难，比如对女性的歧视，但你首先要自信，同时展示你的业务能力，还有就是对企业文化的了解。知道这个企业喜欢什么样的人以及企业规章和一些不成文的规定。既不能整天埋头于工作而不顾其他，也不能为了忙于职场的人际关系而搞得"满城风雨"。你要兢兢业业，对男性喜欢竞争的天性有所了解，更要对他们所主宰的企业文化认识深刻。

职业女性要想在职场中取得更进一步的成绩，必须坚决摒弃典型的患得患失、优柔寡断的小女人心理，多多关注、留意自己身边优秀男性的做事方法，分析他们的决策思维，并取其精华、弃其糟粕，久而久之自己做事的方式也会受其"感染"，从而提高自己做事的效率。此外，要想升职别忘了一点，就是要不断地付出。

因此，应该从以下几方面做起：

1. 改变形象

很多时候，人们都会以貌取人，所以要改变现状不如先从改变形象开始，是否记得奥斯卡金像奖得奖影片《前妻俱乐部》中的主人公，当她们为自己讨回公道时，改变形象成了至关重要的一点，可见形象对人的重要性。

2. 运用智慧

工作时难免会遇到困难与挫折。这时，如果你半途而废，或置之不理，将会使公司对你的看法大打折扣。因此，随时运用你的智慧，或许只要一点创意或灵感便能解决困难，使得工作顺利完成。要充分发挥自己的聪明才智，做一些自己觉得有意义、有价值、有贡献的事，实现自己的理想与抱负。马斯洛认为这种"能成就什么，就成就什么"，把"自己的各种禀赋一一发挥尽致"的欲望，就是自我实现的需要。

3. 扩大自己的工作舞台

有空时到自己不熟悉的部门看看，了解其他部门的工作性质。多接触其他部门的同事，扩大自己的人际交往圈子。

4. 施展你的人格魅力

在大多数人眼里，人格魅力是最不可捉摸的神秘因子，是一种近乎神奇的事业推进剂。它是一种迷人的气质和个性魅力，它会让你得到别人的支持，并成为领导者。

5. 过硬的业绩

工作业绩是衡量一个人在工作中综合素质高低的砝码。突出的工作成绩最有说服力，最能让人信赖和敬佩。要想做出一番令人羡慕的业绩，就要善于决断、勇于负责，善于创新、勇于开拓，善于研究市场和把握市场。当你以骄人的业绩助企业振兴时，你的影响力就会支持你晋升到更高一级的职位。

6. 运用亲和力，让人信任

如果在办公室里你能表现得幽默活泼，善解人意，豁达开朗，让同事充分感受到与你共事的幸运和兴奋，那么，各种回报将随之而来——邀请你做女嘉宾参加盛大的年会，或在你遇到难题时会有人鼎力支持。原因很简单，你的亲和力让他人觉得你是一个值得信任的女性。其实，命运往往把握在自己手中，只要用心努力了，就一定会有回报。女性朋友要善于为自己创造条件，勇于为自己争取机会，充分发展女性的优势，弥补自己的不足，为自己的晋升扫除重重障碍。

女性自身的优势，再加上出色的工作能力以及了解公司的企业文化，定能让你有所作为。一名能为公司带来很大业绩、对公司发展作出很多贡献的女职员，老板有什么理由不升你的职呢？

第十四章

社交头脑：

别只埋头于自己的生活，

提高社交智力才能享有

更好人生

如何赞美，才能深得人心

　　大多数人天生渴望赞美，一句赞扬的话，就像魔棒在心灵上点击而闪出的耀眼火花。一句真心的赞扬，好过任何以金钱和虚荣为形式的伪装。适当的赞扬，会令人感受到你的友善。如同艺术家在把赞美带给别人时感到愉快一样，赞扬不仅给听者，也给自己带来极大的愉快，它给平凡的生活带来了温暖和快乐，把世界的喧闹变成了音乐。

　　每个人都会认为自己很重要，自己做的事大多数都是正确的，世界上唯一重要的就是他自己。当然，在这里不是宣扬"人人都自私"的观点。每个人都有对自己的满足感，还有重要感、成熟感，如果只有本人感到了这些还不能让他们满足，还需要外界对他们的认同，在这种认同中他们会感到社会已注意到他们的存在，认为他们是重要的。"你行的""你一定行""你是天才""你是个天分很高的人""你是个很好的姑娘"，诸如此类的暗示性的语言，能使人在举棋不定的时候重新获得勇气。尤其是女人，请不要吝啬赞美，因为你的赞美是春风，它让人觉得温馨而心怀感激；请不要小看赞美，因为你的赞美是火种，它可以点燃别人心中的憧憬与希望。如能时时以饱满的精神、欣赏的眼光、鼓励的话语对待他人，必能起到"随风潜入夜，润物细无声"的作用。

　　可以说赞美他人是博得他人好感、获得他人赞同的一把金钥匙。把赞扬送给别人，就像把食物施给饥饿的乞丐能起到"雪中送炭"的作用。在很多时候，它就像维生素，是一种最有效果的食物。赞美是一件好事，但并非易事。拙劣的赞美只能算是拍马屁，即使你是真诚的，也会引起对方的反感。因此，对别人进行恰到好处的赞美，是一个聪明女性必须掌握的技巧。

1. 赞美要发自真心

赞美的话是人人都喜欢听的，但并非任何赞美都能使人高兴。有的人明明腿短，你偏要赞美人家穿裤子好看；明明长得黑，偏要说人家肤色亮；明明身体虚弱，偏要说人家身体健康，像练过健美操似的……面对无根无据、虚情假意地赞美，对方不仅会感到莫名其妙，而且还会觉得你油嘴滑舌、诡诈虚伪。能引起对方好感的只能是那些基于事实、发自内心的赞美。真诚地赞美别人，不仅会使被赞美者产生心理上的愉悦，拉进你们之间的关系，还可以使你经常发现他人的优点，从而使自己对人生持有乐观、向上的态度。

2. 赞美要合乎时宜

有诗曰："美酒饮到微醉后，好花看到半开时。"赞美也是如此，赞美也要见机行事、适可而止，做到合乎时宜。一位有经验的心理专家举了个例子：当朋友向你诉说她正计划着做一件有意义的事时，你一开头的赞扬能激励她下决心做出成绩，中间的赞扬有益于她再接再厉，结尾的赞扬则可以肯定成绩。这样做，我们就能达到"赞扬一个，激励一批"的效果。

3. 赞美要因人而异

教学要因材施教，而赞美则要因人而异。因为每一个人都有不同的个性，每一个人都有自己独特的特长。比如，对于女孩子，你可以赞美她漂亮；如果不漂亮，你就可以赞美她可爱；如果不可爱，你就可以赞美她温柔；如果不温柔，你就可以赞美她有个性；如果没个性，还可以赞美她脾气好。而对于老年人，要多赞美他引为自豪的过去。对于年轻人，我们不妨赞美他的创造才能和开拓精神。对于经商的人，可称赞他头脑灵活，生财有道。对于有孩子的母亲，如果赞美她的孩子聪明可爱，她则会喜得合不拢嘴……因人而异，突出个性，有特点的赞美比一般化的赞美能收到更好的效果。

4. 赞美可随时随地

在日常生活中，要想赞美别人，可以随时随地进行。要养成欣赏别人优点和长处的习惯，哪怕只是微小的长处和小小的进步。因此，交往中应从具体的事件入手，善于发现别人哪怕是最微小的长处，并不失时机地予以赞美。如果对方经常感受到你的真挚、亲切和可信，你们之间的距离就会越来越近。而你也能从赞美别人中，取长补短，完善自我。

5. 多赞美一些需要你赞美的人

很多人只会赞美那些早已功成名就的人，或自己以后能用得着的人，而不屑于赞美那些被埋没而产生自卑感或身处逆境的人。对于前者，你的赞美是锦上添花，而对于后者，你的一声真诚赞美、一个赞许的目光、一个夸奖的手势，等于雪中送炭，自卑的人有可能因为你的赞美振作起精神，大展宏图，产生意想不到的效果。

任何一个人成功的道路都不是平坦的，对那些从小就经历苦难的人更是如此。尤其是在他们最困难的时候，在他们感到前途渺茫看不到出路的时候，他们需要的不是同情的眼泪也不是深切的惋惜，往往一句赞赏或鼓励的话语就会让他们树立起信心，去克服困难，去迎接挑战。世间的道德秩序早已确立。人们为追求和谐融洽的人际关系，已经把赞美对方作为一种常用的、合适的交往方式使用在日常生活中。即便你不爱去赞美别人，别人也还是要赞美你。从这个角度说，你也该将赞美别人作为回馈才对，所以该把赞美别人这门学问做好！

赞美是一把火炬，在照亮他人生活的同时，也照亮了自己的心田。赞美，有助于发现被赞美者的美德，推动彼此之间的友谊健康地发展，还可以消除人与人之间的龃龉和怨恨。

第十四章　社交头脑：别只埋头于自己的生活，提高社交智力才能享有更好人生

选择合适的批评方式，不要轻易责怪别人

在待人处事中，女人最容易犯的一个错误就是随意指责别人，这也许是由于年轻气盛，也许是由于对自己的绝对自信。但不管怎样还是要提醒你，指责是对别人自尊心的一种伤害，是很难让人原谅的错误。如果你不想让身边有太多的敌人，那就请口下留情，别总是指责别人。

人的本性就是这样，无论他做得有多么不对，他都宁愿自责而不希望别人去指责他们。别人是这样，我们也是这样。在你想要指责别人的时候，你得记住，指责就像放出的信鸽一样，它总要飞回来的。因此，指责不仅会使你得罪对方，而且也使得他在一定的时候来指责你。即使是对下属的失职，指责也是徒劳无益的。要学会用委婉的语言提醒他人的错误，使之感到我们并不认为他们不聪明或无知，决不要伤及人的自我价值感。金无足赤，人无完人，人生在世，孰能无过。

生活中，我们和他人沟通是不可避免的，在彼此交往的过程中，经常会发现他人身上的过错。一般说来，人都有自知之明。人们发现自己的错误后，会对过失的性质、危害、根源等进行一些反思。但是，旁观者清，当局者迷。自己的反思再深刻，总是没有旁观者看得清楚。因此，当我们发现他人的过失时，予以及时的指正和批评，是很有必要的。有人说赞美如阳光，批评如雨露，二者缺一不可，这话是十分有道

理的。在沟通中，真诚的赞美必不可少，但中肯的批评也是必要的。

安娜是一家公司的经理，她也批评员工，但从不轻易责怪他们。而且，她的批评非常具有艺术性。有一回，安娜的秘书在处理一个文件的时候出现了一些错误，但安娜并没有责怪她，而是用了一种非常温和的方法处理了这件事。她告诉秘书，以前的处理方式不十分正确，我们应该有更好的处理方式。然后，又把正确的方式讲了一遍。秘书的脸一下子就红了，但心里如释重负，她自己也没有想到，安娜居然没有责怪她。

如果你只是想要发泄自己的不满，那么你得想想，这种不满不仅不会使对方接受，而且就此树了一个敌；如果你是为了纠正对方的错误，那为什么不去诚恳地帮助他分析原因呢？手段应当为目的服务，只有怀有不良的动机，才会采用不良的手段。

许多成功女性的秘密就在于她们从不指责别人，从不说别人的坏话。面对可以指责的事情，你完全可以这样说："发生这种情况真遗憾，不过我相信你肯定不是故意这么做的，为了防止今后再有此类事情发生，我们最好分析一下原因……"这种真心诚意的帮助，远比指责有效。另外，对于他人明显的谬误，你最好不要直接纠正，否则会好像故意要显得你高明，同时又伤了别人的自尊心。在生活中一定得牢记，如果是非原则之争，要多给对方以取胜的机会，这样不仅可以避免树敌，于己也没有什么损失。

口头上的牺牲有什么要紧？何必为此结怨伤人？对于原则性的错误，你也得尽量含蓄地进行示意。既然你本意是为了让对方接受你的意见，何必以伤人的举动来凸显自己。微笑、眼色、语调、手势都能表达你的意见，唯独不要直接说"你说得不对！""你错了！"等，因为这等于在告诉并要求对方承认：我比你高明，我一说你就能改变你自己的观点。而这实际上是一种挑衅。商量的口吻、请教的态度、轻松的幽默和会意的眼神，定会使对方愉快地接受你的意见，与此同时，你也不会树敌。要知道，很多人具有偏见、嫉妒、贪婪和高傲等弱点，而且人们一般都不愿改变自己的观点。他们若有错误，往往情愿自己改变。如果别人策略地加以指出，则其也会欣然接受并为自己的坦率和求实精神而自豪。

假如由于你的过失而伤害了别人，你得及时向他人道歉，这样的举动可以化敌为友，彻底消除对方的敌意，说不定你们今后会相处得更好。既然得罪了别人，与其等别人回来报复，远不如主动上前致意，以便尽释前嫌。为了避免树敌，还有一点需要特别注意，就是与人争吵时不要非占上风不可。请相信这一点，争吵中没有胜利者。即使你口头胜利，但与此同时，你又树了一个对你心怀怨恨的敌人。争吵总有一定原因，总为一定的目的。

如果你真想使问题得到解决，就绝不要采用争吵的方式。争吵除了会使人结怨树敌，在公众面前破坏自己温文尔雅的形象外，没有丝毫的作用。假如只是日常生活中观点不同而引致的争论，就更应避免争个高低。假如你一面公开提出自己的主张，一面又对所有不同的意见进行抨击，那可是太不明智了，会使自己孤立和就此停步不前。如果你经常如此，那么你的意见再也不会引起他人的注意。你不在场时他人会比你在场时更高兴。你不愿意接受别人的反驳，人们也就不再反驳你，从此再没有人跟你辩论，而你所懂得的东西也就不过如此，再难从与人交往中得到补充。因为辩论而伤害别人的自尊心、结怨于人，既不利己，还有碍于人而使自己树敌，这实在不是聪明的做法。

聪明的女人要让批评达到艺术的高度，因为艺术进入了一定高度，就到了其他表现形式都无法企及的境界。

不说他人是非的人最受欢迎

　　有人说"一个女人等于 500 只鸭子"。事实就是如此，喜欢闲聊是女人的天性，诸如衣服、品牌、化妆品、男人、谁谈恋爱了、谁和男朋友分手了、谁和老板的关系可能不正常、谁考试没过关了、谁给上司送礼了……不要以为你说了不会有人知道，不要以为身边的人都是朋友，可能你上午说完，下午别人就知道了，而你就在毫不知情中把人得罪了。所以，聪明的女人一定要管好自己的嘴，闲谈莫论人非。你可以做个好的倾听者，但是如果你知道自己管不住自己的嘴，那么最好不要加入到任何闲谈中，以免殃及自身。

　　曾经有位哲人说过这样一句话："坏人不讲义，蛮人不讲理，小人什么都不讲，只讲闲话。"闲话也有很多种，一种是依事据理、与人为善的说法；一种是无中生有、搅乱是非的说法。职场的人际关系复杂，女性朋友们为了自己的地位和名誉，不要尝试讲人是非，因为你不敢保证自己哪句毫无恶意的话会被别人捕风捉影地到处传播，那样即使你有一百张嘴恐怕也说不清了，得罪了人不说，还有可能从此受到排挤。试想一下，身边的人天天给自己"穿小鞋"，有几个人能承受得住？

　　琳达在上班路上遇到部门公认的美女主管阿美，看到她从一辆豪华轿车上下来，两人寒暄了几句。回到办公室，女人们正在聊天，"琳达，以后少和那个阿美接触，听人说她在外面被人包养了。""难怪，我看到她从一辆豪华轿车上下来。"办公室里一下炸锅了，一传十、十传百，下午开会阿美看她的眼神都不对了，以后处处都找琳达的麻烦，原来全公司都在传阿美被人包养，而且还有人亲眼见到了，而那个人自然是无意之中多嘴的琳达了。此时的琳达有嘴也说不清了，只得找了个借口递了辞呈。

言多必失，古人的说法想来是有道理的。尤其是喜欢在背后议论别人的女人，总有一天你说的话会传到被谈论者的耳朵里——如果你们是朋友，那你将失去这个朋友；如果你们是同事，那你将多一个职场敌人。一个女人在他人背后指指点点、说三道四，会在贬低对方的过程中破坏自己的形象，也受到旁人的抵触。不要轻易去议论别人，这样会降低你的人格魅力，从而给自己的人际关系带来不良影响。

聪明的人总是用别人的智慧填补自己的大脑，愚蠢的人总是用别人的智慧干扰自己的情绪。

对你不情愿做的事情大声说"不"

　　女人，爱自己是最重要的。比如酒席上，轮到你喝酒，而你不善长饮酒，大可以茶代酒，而不要逞强好胜，自讨苦吃。女人凡事都要有自己的思想和主见，这一点职业女人要做得稍微好一点，但是因为工作的关系，她们难免会碰到一些自己不情愿而又不得不去做的事情，譬如：职场难免会有酒桌生意，为了拿下订单，就必须陪客户喝酒、唱歌，甚至还要忍受那些不规矩的手，因为复杂的人际关系，很多女人选择了忍耐；再比如，女性是个爱面子的动物，碍于情面不好意思拒绝同事的帮忙请求，碍于情面不愿意拒绝老板的无端加班，碍于情面不愿意拒绝不公平的待遇……这样做虽然避开了可以想象的一时"风浪"，但这样的后果也很可能让事情变得更加严重，就好比苍蝇不叮无缝的蛋，你的忍让就成了他们变本加厉的理由。所以，对于那些自己不情愿的事情，大可以拒绝。

　　小艾是刚分配到公司的员工，属于广告创意部。刚上班一个星期，老板就让她出去陪几个目标客户唱歌，并声明陪同的还有几个人，都是正常的生意关系。小艾很不情愿，但还是去了，因为她不想失去这份高薪的工作。

　　三个四十岁左右的男人在包房里叫了几个年轻漂亮的女孩一起唱

歌、跳舞、喝酒，小艾看着这些和自己父亲年龄相仿的男人，心里一阵反感，但又不得不赔笑应付。还好那天客户只顾着高兴，没对她有什么过分的举动，否则她真不知道该如何应付。

最后合作是成功了，可是小艾怎么也高兴不起来，而且她发现同事看自己的眼光也不一样了，鄙视中夹杂着些许的嫉妒。而且有了第一次，就很难拒绝老板的第二次任务，小艾实在是进退两难。

女人，不喜欢的事情就不要去做，毕竟委屈的是自己。在平常生活中也是一样，同事约你逛街、吃饭，如果你很累不想去，一定要告诉她，不要以为平时关系很好怕她不理解。要知道，越是真正的朋友越应该关心你、体谅你。大声说"不"，在你不愿意的时候，千万不要做自己不喜欢的事情。

女人要记住，无论何时何地都不要勉强自己。当然，这不仅仅限于工作中，对于恋爱期间的女人更应如此，千万不要为了满足男友的要求而献出某些最宝贵的东西。要知道，真正爱你的男人是不会勉强你的，更不会以此作为你不爱他的理由，保持自己的尊严，那样他才会更珍惜你。爱情不仅仅是用性才能表达，语言和思想依然能表达你们的感情，而且还会让你们的感情更深。聪明的女人懂得如何拒绝，包括拒绝各种各样的诱惑。不懂得拒绝的女人做事情很少有自己的底线和要求，当你的默认成为一种习惯，就很难再从理智中脱身。如何说出"不要"，需要你的委婉。

拒绝别人一定要委婉，因为没有人喜欢被拒绝；被别人拒绝一定要大度，因为拒绝你的人总有他的理由。

懂得聆听，会让你更受欢迎

一位善于沟通的女性是懂得如何倾听的。因为倾听是最能打动人心灵的，它的力量非同一般。无论在职场上还是在生活里，一位学会了倾听的女性才真的懂得什么叫叩动心扉的玄机。

当我们同陌生人打交道时，绝对不能一开口就夸夸其谈。你的目的可能是为了让别人注意到你，而效果可能正好相反，这样做更可能引起别人的反感。因为人都是渴望受到重视并渴望被接纳的，希望自己的心境能得到他人的理解，自己的观点能得到他人的认同。当他说出自己的想法时，他绝对需要一位忠实的听众，一位能够认可和接纳他的聆听者。如果你就是这样的听众，那么你受欢迎的程度就可想而知了。

另外，从说与听两个角色看，说的人是更多地暴露自己，而听的人却可以在聆听中了解他人，调整自己。这样在动与静、吐与纳之间，倾听者自然是收益最大的。当我们和熟悉的朋友相聚时，一位肯倾听的朋友一定是最受欢迎的人。这时候，有的朋友会向你倾诉他的烦恼和不快，滔滔不绝地把积郁数日的焦虑与不安和盘托出。对此你应该学会把握分寸，做一个诚挚又沉默的听众。因为你是他可以信赖的朋友，他坦诚的倾诉里包含着对你的信任和期待。有的朋友会与你共享喜悦。他把新的收获拿来与你共享，让你同样体味他收获的快乐。这时候，你的倾听就显得更加重要，否则他的欢乐就会逊色几分。

有人说过这样的话：一份快乐如果两个人分享，就变成了两份快乐。这是友谊的收获，也是倾听的报偿。如果本职工作要求我们学会沟通，那倾听更是我们攻无不克的法宝。无论你面对的是合作者还是客户，你能做的最重要的事还是倾听。无论是在谈判桌前还是在其他社交场所，聆听会加速彼此的沟通。一位好的聆听者会让事业顺畅地驶入快车道。

善于倾听的女性还有许多聪明的倾听技巧，比如她会在对方说话时稍微倾身向前，让人觉得她在洗耳恭听；她会在适当的时候以首肯的方式，给诉说者以恰到好处的鼓励；她会在倾听时认真地注视对方的双眼，绝不会边听边左顾右盼；她会在该沉默时不语，也会适时地插上一句，好让谈话能够继续……这样的方法不胜枚举，关键看你有没有学习倾听的迫切愿望。假如你是一位愿意与人沟通的女人，相信你会处处留心，掌握更多的聆听技巧。因为，做一个好的聆听者是良好沟通的开始，良好的沟通则是成功的开端。做一个合格的倾听者应当掌握的 4 个要点是：注意、接受、引申和欣赏对方的话题：

1. 注意倾听时，眼睛注视说话的人，将注意力始终集中在别人谈话的内容上，给予对方一个畅所欲言的空间，不抢话题，表现出一种认真、耐心、虚心的态度。

2.进行交谈时，通过赞同的微笑、肯定的点头，或者手势、体态等做出积极的反应，表现出对谈话内容的兴趣和对对方的接纳与尊重。

3.引申话题通过对某些谈话内容的重复和对对方讲话内容的归纳，或通过提出某些恰当的问题，表现出对谈话内容的理解，同时帮助对方完成叙述，从而使话题进一步深入。

4.欣赏是在倾听中找出对方的优点，显示出发自内心的赞叹，给以总结性的高度评价。欣赏使沟通变得轻松愉快，它是良性沟通不可缺少的润滑剂。

聆听是一种最佳的沟通技巧，也是礼貌和诚挚的表现。倾听使谈话双方更加融洽与信任，同时，心灵的距离也被缩短了。

参考文献

［1］金鑫.EQ 情商决定命运［M］.北京：海潮出版社，2006.

［2］尹垦.情商决定女人的命运［M］.北京：民主与建设出版社，2009.

［3］笛子.情商决定女人的一生［M］.北京：中国商业出版社，2008.

［4］田鹏.如何培养自己的情商［M］.北京：地震出版社，2010.

［5］刘忆.女人就是要有钱［M］.北京：中信出版社，2007.

［6］宇琦.哈佛财商课［M］.北京：中国华侨出版社，2010.

［7］汪丹，梁英.财商决定财富［M］.昆明：云南教育出版社，2008.

［8］邱庆苹.智商情商决定女人一生［M］.天津：天津科学技术出版社，2009.

［9］张永生.男人需智慧女人需美丽［M］.北京：中国华侨出版社，2009.

［10］龙洁.智慧女人一生要做的 108 件事［M］.北京：海潮出版社，2010.